通辽市农业科学研究院
—农业实用技术

张守乾　主编

中国农业科学技术出版社

图书在版编目（CIP）数据

通辽市农业科学研究院—农业实用技术 / 张守乾主编. —北京：中国农业科学技术出版社，2016.7
ISBN 978-7-5116-2636-3

Ⅰ.①通… Ⅱ.①张… Ⅲ.①农业科学—研究所—概况—通辽市②作物—栽培技术 Ⅳ.①S-242-263②S31

中国版本图书馆 CIP 数据核字（2016）第 138363 号

责任编辑	徐定娜 郑 瑛
责任校对	马广洋

出 版 者	中国农业科学技术出版社
	北京市中关村南大街 12 号 邮编：100081
电 话	（010）82106626 （010）82105169（编辑室）
	（010）82109702（发行部）
传 真	（010）82106650
网 址	http://www.castp.cn
经 销 者	各地新华书店
印 刷 者	北京富泰印刷有限责任公司
开 本	710 mm×1 000 mm 1/16
印 张	11.75
字 数	163 千字
版 次	2016 年 7 月第 1 版 2016 年 7 月第 1 次印刷
定 价	48.00 元

编 委 会

前　言

　　通辽市农业科学研究院组织科研领域的农业专家，历经一年多时间编写的《通辽市农业科学研究院—农业实用技术》一书正式付梓。此书系我院广大科技工作者智慧与技术集成，是农科院主动服务"三农"，积极延伸服务功能，加强科研成果转化的集体智慧结晶。多年来，农科院农业科技人员积极投身于农业各项生产实践，努力担当起全市农业生产的守护者、农民致富的好参谋。在编写中，我们重点突出农业技术的实效性，强调针对性和可操作性，努力做到图文并茂、查询快捷方便，文字通俗易懂，易于被农民所领悟和接受。

　　在本书中，针对广大农民在生产中经常遇到的一些诸如农作物品种选择、育苗耕种及田间管理、病虫害防控等方面问题，提出具体解决办法，让广大农民朋友一看就懂、一学就会、一用就灵，使这本书真正成为广大农民朋友的好帮手，便于农民朋友们"对症下药"，做到药到病除，节约成本，提高产量，真正成为农村科技人员指导农业生产的良师益友。

　　由于编写水平及时间有限，书中难免会有疏漏的地方，恳请农民朋友多多批评指正，并提出宝贵建议和意见，我们将虚心接受，力争在下次的编印中做到尽善尽美。

编　者

2016 年 5 月

目 录

·农业实用技术·

·农业科研团队与平台建设·

· 农业实用技术 ·

一、优质玉米高产栽培技术

包额尔敦嘎　王　东　高丽辉　郑　威　冯　晔

王春雷　王　丹　张　超　金　虎

（一）品种选择

集约化生产是我国农业发展趋势，是农业生产全程机械化的必由之路。针对目前通辽市玉米生产发展现状，要选择高产、耐密、多抗、适合机械收获玉米品种显得尤为重要。我们根据通辽市气候（主要是≥10 ℃活动积温）条件，把玉米种植区域分为：早熟区、中熟区和晚熟区。早熟区为≥10 ℃活动积温达到1 900~2 300 ℃，主要区域为扎鲁特旗北部地区，适宜种植品种生育期一般在110~120 d左右，主推品种有：哲单37、哲单39、吉单27、德美亚1号、德美亚2号、北优2、丰垦008、九玉1034等；中熟区为≥10 ℃活动积温达到2 300~2 700 ℃，主要包括扎鲁特旗南部、科左中旗北部、开鲁县北召地区，适宜种植品种生育期一般在120~127 d左右，主推品种有：先玉335、先玉696、平安169、通科1、京单38、通平1、金山33、MC278等；晚熟区为≥10 ℃活动积温2 700~3 200 ℃，主要区域包括科尔沁区、开发区、开鲁县（北召除外）、科左中旗东西南部、科左后旗、奈曼旗、库伦旗，适宜种植品种生育期一般在128~135 d左右，主推品种有：郑单958、京科968、伟科702、金山126、宏博218、通平118、厚德198、人禾698、秦龙18、京科665、通平 198、滑玉 14、农华 101、中科 11 等。

通辽市主推玉米品种

（二）栽培技术要点

1. 备　耕

（1）春整地

未来得及秋整地的地块要进行春整地。春天在土壤解冻后，先将秸秆粉碎或灭茬，然后旋耕达到播种状态。

春季田间旋耕作业

（2）种子处理

购买经过精选和包衣的种子，如购买了没有处理的种子，应进行选种、晒种和包衣等种子处理。

经过精选的玉米种子

选种：精选种子，除去病斑粒、虫蛀粒、破损粒、杂质和过大、过小的籽粒。

晒种：播种前一周选晴天将种子摊在干燥向阳的地上或席上晒2~3 d，这样可提高种子发芽率、杀死部分种子外部病原菌，减轻丝黑穗病的危害。

种子包衣：根据田间病虫害常年发生情况，明确防治对象，有针对性地选择包衣种子。如果购买未包衣的种子，可用种衣剂、微肥拌种，但要选择正规厂商生产的种衣剂，根据含量确定用量，不提倡直接购买杀虫杀菌剂简单包衣，以免造成药害，降低种子的活性。

精量播种机在田间播种作业如下。

精量播种机在田间播种作业

2. 播 种

（1）播期确定

影响播期的主要因素是温度、土壤墒情和品种特性。过早播种易感染玉米丝黑穗病和烂种缺苗，晚播耽误农时，影响玉米生长，导致产量降低。播种时间的确定应遵循以下原则。

玉米种子在 6～7 ℃时开始发芽，但发芽缓慢，容易受病菌感染及地下害虫、除草剂危害。一般将 5～10 cm 土层的温度稳定在 8～10 ℃，作为通辽地区开始播种的标准，适宜播种期为 4 月中下旬至 5 月上旬。

小型拖拉机进行田间覆膜播种作业如下。

小型拖拉机进行田间覆膜播种作业

在地温允许的情况下，土壤墒情较好的地块可及早抢墒播种。适宜播种的土壤含水量在 20％左右，一般黑土为 20％～24％、冲积土为 18％～21％、沙壤土为 15％～18％。适时早播有利于延长生育期，增强抵抗力、减轻病虫为害，促进根系下扎，基部茎干粗壮，增强抗倒伏和抗旱能力。

（2）浇　水

土壤墒情较差不利于种子萌发出苗的地块，可采用等雨或浇足底墒水进行足墒播种。通辽地区一般低压管灌畦田每亩（1 亩≈666.7 m²，1 hm²＝15 亩，全书同）浇水量 50～60 t 即可，膜下滴灌田播种后滴足底墒水，每亩需浇水 30 t。

（3）种　肥

玉米一生中吸收的主要养分，以氮为最多，钾次之，磷最少。

玉米对氮、磷、钾的吸收总量随产量水平的提高而增多。一般每生产 100 kg 玉米籽粒，需吸收 N 1.42 kg，P_2O_5 0.81 kg，K_2O 0.62 kg，其比例是 1.75：1：0.77。根据目标产量，按着以上比例调整施肥量。

拌肥　　　　　　　　　　　往播种机中填加肥料

一般施用磷酸二铵或复合肥作为种肥，通辽地区大田施肥量一般为 10～12 kg/亩，播种与施肥同时进行，肥料要掩埋并避免与种子直接接触，肥料施在距种子 5～6 cm 的侧下方确保不烧苗。尿素不宜做种肥施用，以免烧种、烧苗。

（4）种植模式

通辽地区主要有等行距和宽窄行种植 2 种方式。等行距种植：行距相等，一般为 55～60 cm，株距随密度而定。其特点是植株在田间均匀分布，便于机械化作业，为通辽地区主导方式。宽窄行种植是膜下滴管田主要采取的方式，也称大小垄，行距一宽一窄，一般采用宽行距 80 cm，窄行距 40 cm。

近几年在通辽南部和北部局部地区采用全膜双垄沟播种植模式，即裸种改全膜双垄沟播、改半膜

宽窄行种植及膜间深松效果图

平铺穴播为全膜双垄沟播，增产效果非常明显。该模式应适用于降雨量 200～250 mm 的半干旱的旱作农业区推广。

（5）播种密度

要合理密植，根据品种熟期、抗倒性、土壤肥力等确定密度。一般晚熟品种适宜密度为 3 500～4 500 株/亩；中熟品种为 4 000～5 500株/亩；早熟品种为 5 000～6 000 株/亩。一般抗倒品种宜密，抗倒性差的品种宜稀。一般土壤肥力低，取品种适宜密度范围的下限值，否则上限值，中等肥力的则取范围中密度。特别提醒，为了避免机械损伤和病虫害伤苗造成密度不足，在适宜密度的基础上增加 5％～10％的播种量。

（6）播种方式

一般采用穴播或精量播种方式。穴播是将种子按规定的行距、株距、播深定点播入土中，每穴播 2～3 粒，保证苗株在田间分布均匀。精量播种是指用精量播种机械将种子按精确的播深、间距、定量播入土中，保证每穴种子数量相等。其中，单粒精量点播为"一穴一粒"，播种密度就是计划种植密度，对种子质量要求高，因不用间苗，节本增效显著，是玉米播种技术的发展方向。

播种后喷施附草剂进行封地

（7）苗前化学除草

在玉米播种后出苗前，对玉米田进行"封闭"除草。应仔细阅读所购除草剂的使用说明，既要保证除草效果，又不影响玉米出苗生长，严禁随意增加用药量。喷洒除草剂时，加土壤表面湿润有利于药膜形成，达到封闭地面的作用。作业时尽量避开中午高温（超过 30 ℃以上），以免出现药害和人畜中毒，同时要避免在大风天喷洒。膜下滴灌田可播种和化学药剂除草同时进行。一般情况下，苗前除草剂的安全性较高，很少出现药害，但是盲目增加药量、多年使用单一药剂、几种药剂自行混配使用、出苗前遭遇低温、喷药时土壤湿度过大等情况下也会出现药害。

3. 苗　期

玉米从出苗到拔节这一阶段为苗期，为营养生长，地上部生长相对缓慢，根系生长较快。

（1）定　苗

玉米出苗至4～5片可见叶时定苗。在地下害虫严重的地块，应适当延迟定苗时间，但最迟不宜超过6片叶，要去除弱苗、病苗、虫苗和畸形苗。如有缺苗可在同行或邻行就近留双株，缺苗特别严重的地方需补种或补苗。

地头多种植的玉米——留用补苗　　　　　田间查苗补苗

（2）水分管理

玉米苗期植株对水分需求量不大，适度干旱可促进根系发育、促使植株生长敦实、提高抗倒伏能力。因此苗期一般情况下不需要浇水。

（3）中耕松土

人工铲地或机械中耕可以疏松土壤，提高地温，防旱保墒及铲除杂草。一般进行2次：4～5片叶进行浅中耕灭草，深度以3～5 cm为宜；拔节前进行第二次中耕，深度以8～12 cm为宜。

机械化中耕作业　　　　　　　人工除草松土作业

（4）苗后化学药剂除草

未封闭除草或封闭效果不佳的田块可进行苗后化学药剂除草。玉米3～5叶期是喷洒除草剂的安全时期。苗后除草剂使用不当，容易出现药害，轻者延缓植株生长，形成弱苗，重者生长点受损，心叶腐烂，不能正常结实。药害产生主要原因较多，比如没有在玉米安全期（3～5片叶期）内用药、盲目加大施药量、天气高温时段施药、几种药剂自行混配、和其他作物混用除草剂药械后没有洗刷干净、品种敏感等等。

一旦出现药害且不严重时喷施植物生长调节剂或叶面肥，促进植株生长，减轻药害；药害不严重，加强田间管理，玉米可以恢复正常生长；如果危害严重，心叶已经腐烂坏死或者生长停滞，及时需补种或毁种。

4.　穗　　期

玉米从拔节至抽雄穗为穗期，是玉米一生当中生长最旺盛的时期，也是田间管理的重要时期。特点是地上部茎秆和叶片以及地下部次生根生长迅速，同时雄穗和雌穗相继开始分化和形成，植株由单纯的营养生长转向营养生长与生殖生长并进。

（1）追　肥

进入穗期阶段，玉米对矿质养分的吸收量最大，是玉米一生中吸收养分的重要时期，也是施肥的关键时期。春玉米从拔节到抽雄是吸收氮素的第一高峰，30 d 左右的时间吸收氮量占总量的 60%。

追施速效氮肥为主，如尿素、碳酸氢铵、硫酸钾和氯化钾等。追肥量和时间可根据地力、苗情确定。通辽地区大田追施尿素为主，施肥量较高，一般亩施 30～40 kg，6 月末 7 月初玉米大喇叭口期间进行一次性追施。建议氮肥采取前控、中促、后补原则，即基肥轻施，大喇叭口期重施、吐丝开花期补施。磷钾肥一般作为种肥（基肥）施用，作为基肥时可结合秋整地或春整地施用。

（2）培　土

培土主要促进玉米气生根的发育，提高玉米抗倒伏能力，还有培土后形成的垄沟有利于田间灌溉和排水。培土高度以 7～9 cm 为宜，培土与追肥同时进行。

玉米中耕施肥作业如下。

玉米中耕施肥作业

（3）灌　水

玉米拔节后，茎叶生长迅速，雌雄穗开始分化，对水分需求量不断增大，干旱会造成果穗有效花数和粒数减少，严重时还会造成抽雄吐丝困难，导致花期不协调，形成"卡脖旱"。所以穗期若天气干旱、土壤缺水时应及时进行灌溉。通辽地区一般情况下，追肥后 2～3 d 进行第一次灌水，一般大田每亩浇水量 65～70 t，膜下滴管田浇水量为 30 t。

5. 花粒期

玉米从抽雄至成熟为花粒期，此时期玉米根、茎、叶等营养器官生长发育停止，转向以开花、授粉、受精和籽粒灌浆为核心的生殖生长阶段，是产量形成的关键时期。

防止干旱及时浇水，玉米在抽雄至吐丝期耗水强度最大、对干旱胁迫的反应也最敏感、水分对产量影响最大。若吐丝期遇到干旱直接影响玉米植株正常的授粉、受精，使秃尖增大，穗粒数减少。若灌浆期遇到干旱会影响玉米茎叶光合物质和可溶性有机物质向籽粒运输，导致灌浆受阻，籽粒瘪小，千粒重降低，从而造成大幅度减产。根据天气干旱和土壤墒情，应及时浇足水，保证玉米最大需水量。通辽地区大田花粒期一般浇水 2～3 次，前期浇水量较多，每次亩浇 60～65 t 水，后期应浇 50～55 t；膜下滴管田前期应每次亩浇 30 t 水，后期为 20 t 为宜。

补施攻粒肥，防止后期脱肥早衰：抽雄至吐丝期间追施攻粒肥，主要是氮肥，作用是延长光合作用时间，促进灌浆，提高千粒重，防止后期植株脱肥早衰和倒伏。施肥量一般 8～10 kg/亩，不宜过多，施肥可与浇水同时进行。高密度和沙壤土质田块更应重视补施攻粒肥。有条件的可采取飞机作业，防治病虫害和补施攻粒肥同时进行。

遇到极端天气，可进行人工辅助授粉：在玉米开花授粉期间，若遇到极端不利天气，如特大干旱、连续阴雨寡照以及极端高温等条件常会导致雌雄发育不协调，雄穗有效散粉时间缩短、花粉量减少、花粉活力降低会影响授粉、受精，最终果穗秃尖大、结实差，造成减产。此时，在玉米有效散粉期内采用人工辅助授粉提高结实率、增加穗粒数。

6. 收获期

通辽地区玉米一般授粉后 60 d 左右，乳线消失，果穗苞叶变黄、变松，是最佳收获期。

成熟的标志：指的是玉米籽粒乳线消失，籽粒剥离层基部出现黑层。

乳线：玉米授粉后1个月左右，籽粒从顶部开始硬化，同时上下部形成一横向明显界面层，即乳线。

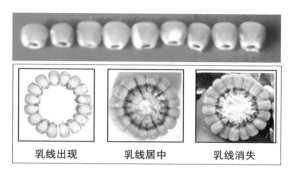

| 乳线出现 | 乳线居中 | 乳线消失 |

玉米籽粒乳线变化及成熟的标志

（1）收获时期

籽粒乳线消失，出现黑层时为适时收获期。通辽地区一般9月末10月初人工收割或机械收获。

（2）收获机械

我国目前玉米收获机主要机型有背负式和自走式两种，两种机型动力来源不同，工作原理相同，一次性进地均可完成摘穗、剥皮、集穗、秸秆粉碎联合作业。

小型玉米收获机田间作业2图

通辽地区自走式玉米收获机较多，该类机械国内目前主要机型是3行和4行，其特点是使用方便，工作效率较高，作业质量较好，但是用途专一、价位高、投资回收期较长。

（3）机收要求

玉米等行距种植（行距偏差±5 cm 以内），植株倒伏程度小于 5％，结穗部位适中，果穗下垂率小于 15％的地块适宜联合收获机收获。

（4）储　藏

目前通辽市种植的大部分玉米品种生育期普遍偏长，加上秋霜较早，气温下降快，导致玉米籽粒脱水困难，水分含量高、呼吸旺盛，容易发热霉变等特点，所以在储藏前必须做好玉米籽粒的降水。

收获后降水：①玉米果穗集中到场院后保证通风良好，隔几天翻倒 1 次，防止捂堆霉变；②脱粒后按水分高低分开装，不能混装；③有条件的增加、完善烘干设备和仓储设施。

储藏方法：①玉米果穗可用铁丝、木板、秸秆做墙，石棉瓦做盖，建成储粮仓；②籽粒储藏时，水分必须降至 14％以内。

7. 秋整地

为了提高土壤肥力，加厚土壤耕层，改善土壤理化性能，有效保住土壤墒情，实现秋雨春用、春季适时早播，应进行秋整地作业。

根据通辽地区土壤有机质含量不足 1％，土壤板结严重，耕层浅、犁底层较厚等现状，提出以下秋整地技术措施，供参考。

（1）秸秆还田

作用：玉米秸秆可作土壤有机肥，还田可起到有效提高土壤有机质含量，培肥土壤作用。

方法：机械联合收获作业，可将秸秆覆盖还田；人工收获地块，用秸秆还田机把秸秆粉碎后深翻覆盖还田。秸秆粉碎要细碎均匀，长度不大于 10 cm，铺撒要均匀。秸秆翻埋前，每亩撒施 10 kg 尿素和适量秸秆腐熟剂，调节土壤碳氮比，有利于秸秆腐熟分解。

玉米秸秆还田作业　　　　　秸秆还田后的效果图

（2）深　松

作用：通辽玉米主产区由于长期使用小型机械作业，土壤平均耕层不足 15 cm。深松能够打破犁地层，使玉米深扎根，提高玉米抗倒、抗旱等综合抗逆性，有利于玉米高产稳产。

方法：秸秆粉碎后，用深松犁进行深松，深度为 35 cm 以上，深松间距为 90～120 cm 为宜；第二年秋季在第一年深松行向右（或向左）间隔 30 cm 再深松 35 cm 以上，连续深松 2 年后间隔 3 年后再深松。

秸秆还田后的深松作业　　　　深松深度达 35 cm

（3）深　翻

作用：秸秆翻埋土层深处，有利于秸秆转化分解；加厚土壤耕层，改善土壤理化性状，恢复土壤团粒结构，达到蓄水保墒、提高土壤肥力、消灭多年生杂草及减轻病虫害作用。

方法：应及时用重型四铧翻转犁或高柱五铧犁进行耕深 20 cm 以上深翻。要求耕深均匀一致，沟底平整，不重耕，不漏耕，地边要整齐，垄沟尽量少而小。

秸秆还田深松后进行深翻作业　　　　　深翻后的效果图

（4）耙　地

作用：减少风蚀，消除因秸秆造成的土壤架空，使土壤踏实，形成上虚下实的土壤结构，有利于提高土壤质量和肥力。

方法：采用重耙耙透，消除深层暗坷垃。

（5）筑　埂

作用：平整土地，便于浇水，有利于第二年春季适时早播。

方法：用旋耕筑埂机同时进行旋耕和筑埂，耕深一般 15 cm 左右，要求土松、地平、埂直，使土壤达到待播种状态。

（三）病虫害综合防治

总体上看，通辽地区玉米生产多年粗放式管理，农民防控病虫害意识淡薄，再加上玉米连续多年重茬种植、气候变化原因导致病虫害发生逐年加重趋势。

玉米穗期是防治主要病虫害的关键时期，通辽地区主产区玉米连片种植较多，建议要采取地连地、村连村的综合防控措施，形成纵横相连的防控网络，达到统防统控效果；大面积连片地块，结合防治玉米螟的同时防治其他病虫害，用高地隙喷雾机或飞机航化作业，效果较好。

1. 主要虫害

通辽市玉米生产危害最大的害虫为玉米螟，每年损失玉米产量7％～8％，严重发生时达到10％以上，每年直接经济损失12亿元以上。其次为黏虫、蚜虫和双斑萤叶甲等，正常发生年份对玉米产量影响不大。目前缺乏抗病虫品种，只能采取综合防控来减少损失。通辽市防控玉米螟还没有普及，并且效果不理想。主要原因是农民防控意识差，缺乏适合喷撒化学药剂机械设备，因气候变化多端，玉米螟孵化时间很难准确预测等。

（1）玉米螟防治

越冬期防治：冬季或第二年春季虫蛹羽化之前利用白僵菌处理玉米秸秆、穗轴、根茬，杀灭越冬幼虫，减少虫源。

抽雄前防治：在玉米螟产卵初期（根据当地植保、气象部门预报）开始第一次放蜂（赤眼蜂），5 d后再第二次放蜂，再间隔5～7 d后第三次放蜂，每亩释放4万～5万头，时间一般在玉米大喇叭口期，每年6月末—7月10日；当玉米螟中等偏重发生时，田间喷洒农药防治玉米螟成虫和幼虫，采用辛硫磷、毒死蜱颗粒剂灌入玉米心叶防治；或利用性诱杀剂、杀虫灯、糖醋液等物理防治措施诱杀成虫。尽快推广高地隙喷药机具、轻小型植保机械或空投方式，开展专业化统一防治。

| 玉米螟危害果穗情况 | 玉米螟危害枯株情况 | 叶背面的赤眼蜂蜂卡 |

（2）黏虫防治

一般年份不防治，偏重发生年份可用80％敌敌畏乳油2 000倍液或50％辛硫磷1 000倍液喷雾防治，可兼治蚜虫。

（3）蚜虫防治

在玉米抽穗初期调查，当百株玉米蚜量达 4 000 头，有蚜株率 50％以上时，应进行药剂防治。药剂可选用 10％吡虫啉可湿性粉剂 1 000 倍，或 20％康福多浓可溶剂 8 000 倍，或 70％艾美乐水分散剂 20 000～25 000 倍，或 0.36％绿植苦参碱水剂 500 倍，或 10％高效氯氰菊酯乳油 2 000 倍，或 2.5％三氟氯氰菊酯 2 500 倍，或 50％抗蚜威可湿性粉剂 2 000 倍。

蚜虫对玉米雄穗的危害

（4）苗期害虫防治

苗期害虫以地下害虫为主，包括金针虫、蛴螬、地老虎、蝼蛄；地表害虫有旋心虫。种衣剂包衣是防治玉米苗期病虫害的最佳办法，种衣剂中一般含有两种以上的杀菌杀虫剂，包衣种子播入土中后，在种子周围形成药环境，地下害虫接近种子时，即触杀死亡。

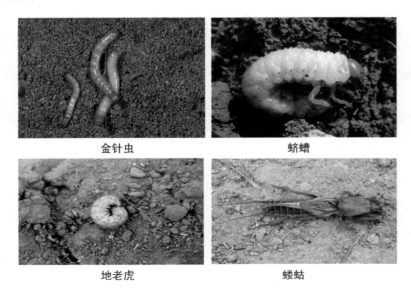

| 金针虫 | 蛴螬 |
| 地老虎 | 蝼蛄 |

2. 主要病害

通辽地区玉米病害包括苗枯病、叶斑病（大斑、灰斑、小斑、圆斑、弯孢菌）、褐斑病、丝黑穗病、瘤黑粉病、纹枯病等，主要病害为大斑病、丝黑穗病、纹枯病，其他病害发生较轻，正常发生年份对玉米产量影响不大。目前病害发生总体情况是：广泛使用新型种衣剂后，基本控制丝黑穗病为主的土传病，发病率逐年下降；近几年秋季高温高湿天气不断增多，有利于叶斑病加重发生；种植品种单一、退化和气候原因导致纹枯病逐年加重，对产量影响较大。

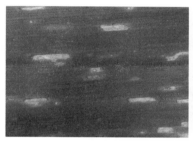

玉米灰斑病　　　　玉米小斑病　　　　玉米大斑病

（1）苗期病害防治

通辽地区苗期田间病害以苗枯病（根腐病）为主，从种子萌芽到3～5叶期的幼苗多发，病芽种子根变褐色腐烂，并且可扩展到中胚轴。苗枯病发生与种子带菌相关，同时春季低温多雨、沙壤土质、有机质含量低、土壤板结较重、重施氮肥、少磷钾肥地块相对较重；播种过深、出苗期延长，也相对较重，花白苗、矮化叶病、肥害也时有发生。

防治措施：①适时播种。土壤表层5～10 cm地温稳定在10～12 ℃，土壤含水量在20％左右，方可播种。②用ABT4号生根粉15～20 mg/kg溶液浸种6～8 h，或用0.3～0.5 mg/kg的芸薹素内酯溶液浸种12 h后播种，促壮苗早发、增强抗逆力。③提倡采用地膜覆盖种植。

（2）叶部病害防治

目前选择抗病品种是最佳防病措施。若因选择品种和气候原因造成某种或几种病害大发生时，可用 50％多菌灵、75％代森锰锌、50％百菌清等可湿性粉剂 500～800 倍液喷雾防治；玉米褐斑病严重时，可用 70％甲基硫菌灵可湿性粉剂喷雾防治。虽然现有化学农药喷雾措施效果明显，但是田间操作困难，防治成本较高，难以推广应用。究其原因，一是通辽地区玉米种植方式仍以 60 cm 匀垄为主，此时玉米植株高大郁密，加之天气炎热，若人工喷洒，容易造成人畜中毒；用飞机航化作业，成本过高，农民难以接受。

二、优质蓖麻高产栽培技术

何智彪　贾娟霞　莫德乐吐　乔文杰

（一）品种选择及特点

蓖麻被誉为"可再生的绿色石油"，广泛的应用于工业、农业、医药、能源等领域中，其综合利用价值高，深加工系列产品应用前景广阔。通蓖系列蓖麻杂交种在通辽及周边地区基本农田、丘陵山坡地均宜种植，主推品种为高秆蓖麻杂交种—通蓖7号、通蓖9号，矮秆蓖麻杂交种—通蓖11号、通蓖13号，生育期为95 d左右，一般亩产200～220 kg，高产地块亩产可达280 kg以上。

（二）栽培技术要点

1. 大田模式化栽培技术

通辽及周边地区基本农田、坨间坨缘地、丘陵山坡地种植通蓖系列蓖麻杂交种，采用模式化栽培技术，水浇地亩产可达250 kg，旱薄地亩产可达150 kg。

技术要点如下：

（1）土壤选择

要求土层深厚，土质肥沃，透气性好，酸碱适中，且与粮食及其他经济作物实行3～4年的轮作，避免重迎茬种植。

（2）播期及播种方法

通辽地区适宜播种期为4月15—25日，沟种法或机械播种均可。

（3）合理施肥

施足底肥、重视种肥、适时追肥。一般以亩施优质农肥
1 500～2 000 kg做底肥，15 kg 磷酸二铵加 2.5 kg 尿素或 15～
20 kg复合肥做种肥，10～15 kg 尿素或 10～15 kg 复合肥做追肥。
追肥时肥距植株根部 10 cm 以上，并深施 10 cm，切忌离根部
太近。

（4）合理密植

肥力较好地块，高秆品种行株距 75 cm×80 cm 或 75 cm×
60 cm，亩保苗 1 110～1 480 株，矮秆品种行株距 75 cm×60 cm
或 75 cm×50 cm，亩保苗 1 480～1 780 株。

中等肥力地块，高秆品种行株距 75 cm×60 cm 或 75 cm×
55 cm，亩保苗 1 480～1 610 株，矮秆品种行株距 70 cm×50 cm
或 70 cm×45 cm，亩保苗 1 900～2 120 株。

肥力较差地块，高秆品种行株距 70 cm×50 cm 或 60 cm×
50 cm，亩保苗 1 900～2 200 株，矮秆品种行株距 60 cm×50 cm
或 60 cm×40 cm，亩保苗 2 220～2 780 株。

（5）田间管理

生育期间要加强田间管理，及时间苗、定苗，勤铲勤趟，细
铲深趟，促早发、育壮苗。出现旱象及时浇青，浇丰产水、杜绝
浇救命水。

2. 地膜覆盖栽培技术

采用地膜覆盖栽培可增温保墒，抗旱保苗，提早出苗 10 d 左
右，提高出苗率 10%～15%，早成熟 20～25 d。

技术要点如下：

（1）覆　膜

覆膜时间：春季 10 cm 地温稳定在 5 ℃以上时即可覆膜，在
通辽地区一般以 4 月下旬为宜。

地膜规格：一般以一膜双行的方式，大垄（膜间行距）宽 90 cm、小垄宽（膜上行距）60 cm。

覆膜方法：一般采取先人工覆膜后播种的方法（也可采用蓖麻覆膜播种机进行覆膜播种）。

（2）播　种

播种时间：比不覆膜种植的晚播 5～7 d，避免因播种过早，出苗后遭遇晚霜受冻死苗。

种植密度：肥力较好的地块，高秆品种株距 60～65 cm，亩保苗 1 360～1 480 株，矮秆品种 55～60 cm，亩保苗 1 480～1 610 株左右；肥力中等的地块，高秆品种株距 55～60 cm，亩保苗 1 480～1 610 株，矮秆品种株距 40～45 cm，亩保苗 1 970～2 220 株。

播种方法：按照规定株距，在地膜两侧靠边 15 cm 处用小铁铲划破地膜 5～10 cm，深 2～3 cm，播 2～3 粒种子，然后用铁铲铲细土将种子盖严、播种膜口封严。

（3）田间管理

合理施肥：施足底肥、重视种肥、适时追肥。一般以 1 500～2 000 kg/亩优质农肥做底肥，15 kg 磷酸二铵加 2.5 kg 尿素或 15～20 kg 复合肥做种肥，10～15 kg 尿素或 10～15 kg 复合肥做追肥。追肥时肥距植株根部 10 cm 以上，并深施 10 cm，切忌离根部太近。

查苗补苗：出苗后及时查苗补种，3～4 片真叶时一次定苗。

及时浇水：出现旱象及时浇青，要浇丰产水、杜绝浇救命水。

进行整枝：在初霜前 40 天左右（通辽地区一般在 8 月中旬），把各个分枝生长点全部打掉，以防养分无效消耗，促其灌浆成熟，增加百粒重。

3. 大小垄种植及整枝集中收获技术

通过整枝处理限制顶端优势，促进侧枝的发育和生长，增加分枝数、果穗数、单株粒数，可提高产量15％～20％，并且使成熟期基本一致，可实现集中收获，降低劳动强度、增加种植效益。

技术要点如下：

高秆品种，采取大垄90 cm、小垄60 cm的大小垄种植方式，株距为55 cm，亩保苗1 600株左右，于植株8～9片真叶时，采取留7片叶打掉主茎进行人工整枝。

矮秆品种，采取大垄90 cm、小垄60 cm的大小垄种植方式，株距为40 cm，亩保苗2200株左右，于植株6～7片真叶时，采取留5片叶打掉主茎进行人工整枝。

其他田间管理同"蓖麻大田模式化栽培技术"。

（三）病虫草害综合防治

1. 草害防控技术

（1）播后苗前

用50％乙草胺乳油80～100 mL/亩或48％甲草胺乳油400 mL/亩，加水50 kg/亩，在蓖麻播后1～3 d均匀喷雾土表进行土壤封闭除草，如土壤表面干旱时需加大水量；地膜覆盖时播后在膜间裸地按上述方法除草剂封地。

（2）苗　期

苗期如田间禾本科杂草较多，可每亩使用10.8％精喹禾灵100 mL，兑水30 kg喷雾，有效防除田间禾本科杂草，对蓖麻无危害；如禾本科和阔叶杂草较多时，每亩使用宝成（有效成分：25％砜嘧磺隆）5～8 g，兑水30 kg喷雾，对田间杂草（禾本科、灰菜、苘麻、马齿苋、苋菜、叶膜酸蓼）防除效果明显。

蓖麻生长到一定高度（50～60 cm），针对一年生禾本科和阔叶杂草，可使用20％水剂克无踪（百草枯）200 mL/亩或20％乙氧氟草醚乳油40～60 mL/亩，兑水40 kg定向或保护性喷雾防除杂草。蓖麻生长期除草喷雾时喷雾器喷头加安全保护罩,切忌雾滴接触蓖麻叶片和嫩茎,以免引起药害。

2. 病害防控技术

(1) 蓖麻枯萎病

| 茎部枯萎病
发病症状 | 灌浆期枯萎病
发病症状 | 苗期正常株与
病株比较 |

症状:幼株发病,叶片萎蔫,根部、维管束变褐、萎缩,以后整株枯死,叶片不脱落,或是茎基部病处缢缩变褐,叶片垂萎、青枯。成株期发病时,先植株生长缓慢,叶片变成黄绿色并萎蔫,后整株凋萎枯死。病部湿培后产生白色菌丝体。

农艺措施防治:在重病区实行与非寄主植物进行轮作,一般为3~4年;若水旱轮作,防效较好。蓖麻枯萎病的发生与蓖麻品种的抗病性关系密切,选用抗病品种是控制此病最经济有效的方法。若种子带菌,播种前应进行种子消毒。加强栽培管理,遇涝时及时排水,感病地进行土壤消毒。

化学防治:50%多菌灵可湿性粉剂或50%福美双可湿性粉剂拌种。在苗期发病时,农用链霉素200万单位40g/亩、农用链霉素1000万单位15 g/亩、70%甲基托布津可湿性粉剂600倍液、50%敌克松700倍液、70%代森锰锌可湿性粉剂500倍液、75%百菌清可湿性粉剂600倍液、波尔多液(硫酸铜:石灰:水(1:2:200))等1~2种进行灌根,连灌2~3次。

（2）蓖麻灰霉病

| 叶部灰霉病
发病症状 | 花序灰霉病
发病症状 | 穗部灰霉病
发病症状 |

症状：主要危害幼花、幼果、嫩茎、叶、果梗等，引起褐色腐烂，病部在空气潮湿时产生灰色霉层。花期最易感病，蒴果染病受害重，残留的柱头或花瓣先被侵染，后向果实扩展，致使果皮呈灰白色，病部在天气潮湿时产生厚厚的灰色霉层。

农艺措施防治：根据土壤肥力情况和品种形态特性，合理密植。在施用以腐熟农家肥为主的基肥地块增施磷钾肥，防止偏施氮肥，植株过密而徒长，影响通风透光，降低抗性。在发病时，摘除病果及严重病叶、病枝等，以减少病菌存量。在蓖麻生长期，结合整枝打掉下脚叶，使田间通风透光，减少病害的发生。

化学防治：病害初发时，使用 41％聚砹·嘧霉胺按 1 000 倍稀释喷施，5～7 d 用药 1 次，间隔天数及用药次数根据植株长势和预期病情而定。病害中度时，选用 50％扑海因可湿性粉剂 800 倍液、70％福美双 300 倍液、50％腐霉利 1000 倍液、50％农利灵 800 倍液、65％甲霉灵可湿性粉剂 600 倍液、50％多霉灵可湿性粉剂 700 倍液、50％敌菌灵可湿性粉剂 500 倍液之一或 2～3 种喷雾防治，间隔 15 d，连喷 2～4 次。

3. 虫害防控技术

（1）蓖麻尺蠖

危害程度：它们均以幼虫啃食危害蓖麻叶，被害叶片吃成零乱的缺刻或孔洞，严重时吃尽叶片，仅残留叶脉。此外，它们受

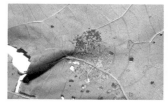

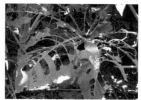

蓖麻尺蠖卵块　　　　　蓖麻尺蠖幼虫　　　蓖麻尺蠖叶部危害症状

惊时即吐丝下垂，还为害花蕾及幼果。该虫天敌有茶尺蠖绒茧蜂、斜纹猫蛛、病毒、拟青霉及鸟类等。

农艺措施防治：秋季深翻地，将表土中虫蛹深埋地底层。

化学防治：幼虫 3 龄前对农药敏感，4 龄后抗药性显著增强。所以，在幼虫 3 龄前，选用 40% 敌百虫原药 1 500 倍液、20% 氰戊菊酯乳油 3 000～5 000 倍液、40% 乙酰甲胺磷乳油 1 000 倍液、10% 吡虫啉可湿性粉剂 2 500 倍液、5% 抑太保乳油 2 000 倍液、高氯·甲维盐（总有效成分含量 4.2%，其中：高效氯氰菊酯含量 4%，甲氨基阿维菌素苯甲酸盐含量 0.2%）乳油 60～70 mL/亩之一或 2～3 种喷雾防治，隔 20 d 防 1 次，1～2 次即可。

（2）甘蓝夜蛾

甘蓝夜蛾卵块　　　　　甘蓝夜蛾幼虫　　　甘蓝夜蛾叶部危害症状

危害程度：初孵幼虫群集叶背啃食叶肉，留下表皮，3 龄后分散为害，5～6 龄食量增加，使叶片呈孔洞或仅留叶脉，且隐藏在寄主附近，夜间盗食。

化学防治：药剂防治在幼虫 3 龄以前进行，于卵孵化至 2 龄期防效好。选用高氯·甲维盐（总有效成分含量 4.2%，其中：

高效氯氰菊酯含量4%，甲氨基阿维菌素苯甲酸盐含量0.2%）乳油60～70 mL/亩、4.5%氯氰菊脂乳油2 000倍液、40%乙酰甲胺磷乳油1 000倍液、80%敌敌畏1 000倍液、10%吡虫啉可湿性粉剂1 500倍液之一或2～3种喷雾防治。

三、优质高粱高产栽培技术

王振国　李　岩　李　默　邓志兰　徐庆全

(一) 品种选择及特点

根据各地的积温、土质、降水和灌溉条件以及用途，选择适宜的高粱品种。粒用高粱选用耐密型中矮秆杂交种是保证高产稳产的有效措施。通辽市目前生育期超过 128 d 的品种有通杂 120（食用型）、吉杂 123 等，适宜在 ≥10 ℃ 活动积温 2 900 ℃ 以上地区种植；中熟品种有通杂 108、通杂 130、凤杂四、吉杂 210、吉杂 127、内杂 5 等，在通辽 ≥10 ℃ 活动积温 2 500 ℃ 以上地区均可种植；早熟、极早熟品种有敖杂 1、通杂 103、通杂 126、吉杂 90、通早 2 等，适宜在早熟、极早熟区及一些低洼地种植。无灌水条件地区，根据降水的时间和常年的降雨量，选择适当熟期的品种播种。能源青贮高粱品种有通甜 1 号、甜格雷兹、辽饲杂 1、辽甜系列等品种。鲜饲刈割饲草高粱品种有健宝牧草、晋草系列等品种。

(二) 优质高粱高产栽培技术要点

1. 选　地

尽量选择地势平坦或局部平整的地块以便机械作业，高粱对土壤适应能力较强，主要种植在肥力中下等、灌水条件差的地块，主要集中在山坡地、沙坨地、轻盐碱地。高产地块的土壤应具备有灌溉条件，土壤耕层深厚、结构良好，土壤有机质含量丰富，土壤质地和酸碱度适宜等特点。前茬选择没有使用剧毒和高残留农药、除草剂等对高粱无危害的大豆、小麦、玉米田。

2. 整 地

通辽地区冬春雨雪稀少，春季干旱、风多，为保证抓全苗，做好整地保墒是关键。前茬作物收获后，及时灭茬深耕，秋整地应该灭茬、施农肥、耕翻、耙耢连续进行，耕翻深度 20～22 cm，做到无漏耕、无坷垃，旋碎田间秸秆杂草，达到机械化作业标准。深耕能为高粱根系创造深厚疏松的土层，改善土壤肥、气、热状况，有利根系的伸展和土壤微生物的活动，为高粱的生长发育提供良好条件。春翻时更要注意随翻、随耙，防止水分蒸发。

3. 选种及种子处理

选种、晒种：选择纯度好、籽粒饱满、发芽率高的种子。购买种子应在正规的种子销售店购买，保留好购种凭证。播前应将种子进行风选或筛选，选出粒大饱满的种子，去除秕种和坏种，并在晴天进行晒种 2～3 d。

发芽试验：播前进行 1～2 次发芽试验，精量播种发芽率必须在 90％以上。

药剂拌种：2％立克秀可湿性粉剂 2g 兑水 1 000 mL，拌种 10 kg，风干后播种。或 2.5％烯唑醇可湿性粉剂，以种子重量的 0.2％拌种，防高粱黑穗病。

4. 机械播种

机械化精量播种可以精确控制播种量、株距和播种深度。一般 5 cm 深土层地温稳定在 12～13 ℃，土壤含水量在 16％～20％播种为宜，砂质土壤可适当提前，低洼地可适当延后播种。通辽地区 5 月上旬为适宜播期，播深 3～4 cm 为宜，做到深浅一致，覆土均匀，镇压后播深达到 2 cm 左右即可，切勿太深，以免粉种。根据品种的密度要求，利用勺轮式或气吸式精量播种机播种。播前调节镇压强度，忌镇压过实，影响出苗。

5. 机械施肥

种肥深施在种下 5～8 cm、种侧 5 cm 左右，种肥分离。根据高粱生长需要，种肥亩施 10～15 kg 二铵或复合肥。追肥在拔节盛期，每亩尿素 15 kg 左右，结合机械中耕培土一起施入。最好测土配方施肥和选用控释肥，提高化肥利用率，降低投入。

6. 化学除草

利用喷雾机械作业，做到喷雾时药量准确，喷洒均匀，不重喷，不漏喷。

（1）播后芽前除草

高粱播后 2～3 d，每亩施用 72％都尔 100 g 加莠去津 150～200 g，兑水 30 kg，机械喷雾除草，均匀喷雾保证土壤湿度以便容易形成药膜，达到良好效果。

（2）苗后除草

一般在 4～6 叶期进行，过早容易产生药害。每亩 50％二氯喹啉酸 30 g 加 50％氯氟吡氧乙酸异辛酯 60 mL，兑水 50 kg 均匀喷雾，防除田间杂草。

特别需要说明的是高粱对化学药剂很敏感，使用时一定要严格掌握用药种类、时间、浓度和方法，否则，容易造成药害。如果是初次使用化学除草剂，缺乏经验，必须先做小面积的除草试验，总结经验后再大面积使用。

7. 适时收获

高粱适宜收获期为蜡熟末期，此时籽粒饱满，淀粉含量高，一般在 10 月 1 日左右进行收获。

（三）高粱主要病虫害综合防治

一般选用抗病品种，合理轮作倒茬，适时播种，及时去除田间病株等方法可以有效降低病虫害的发生。

（1）高粱丝黑穗病

用 2％立克秀可湿性粉剂 2 g 兑水 1 000 mL，拌种 10 kg，风干后播种；或用 2.5％烯唑醇可湿性粉剂，以种子重量的 0.2％拌种；或用 20％萎锈灵乳油 0.5 kg，加水 3 kg，拌种 40 kg，晾干后播种。

穗部病害发病典型症状　　　田间发病症状

（2）蝼　蛄

蝼蛄成虫

用 40％乐果乳油 500 mL，拌 50 kg 炒成糊香的饵料（秕谷、麦麸、豆饼等），于傍晚均匀撒在作物行间，每亩用饵料 1.5～

2.5 kg。

（3）金针虫

用50％辛硫磷乳油0.5 kg，加水15～20 kg，拌种子200 kg；或每亩用40％甲基异柳磷100 mL或25％对硫磷缓释剂100 mL加水0.5 kg，混合过筛后的细干土20 kg拌匀撒施。

金针虫幼虫

（4）蚜　虫

在蚜虫早期点片发生期及为害盛期前进行药剂防治。用10％吡虫啉乳油2 500倍液，或50％抗蚜威乳油3 000倍液，或40％乐果乳油1 500倍液喷雾。

田间为害状　　　　　　高粱蚜虫为害状（叶片霉污、若虫、成虫）

（5）粘　虫

0.04％二氯苯醚菊酯粉剂喷雾，每亩用量2.0～2.5 kg；或用2.5％溴氰菊酯（敌杀死）乳油25 mL兑细沙250 g制成颗粒剂，每亩250～300 g，均匀撒施于植株心叶喇叭口中；或用20％杀灭菊酯乳油每亩15～45 mL，兑水50 kg喷雾；应用苏云金杆菌、中华卵索线虫、粘虫核型多角体病毒等生物杀虫剂，防治效果更好。

（6）玉米螟

　　为了预防玉米螟大面积发生，必须加强玉米螟联防，主要为白僵菌封垛、赤眼蜂防螟、统一防治。安装诱虫灯捕杀，或在大喇叭口期用3‰呋喃丹颗粒剂进行心叶投放，用量200 g/亩；或用1.5％辛硫磷颗粒剂500 g，兑细沙5 000 g，每株1 g。

玉米螟虫、幼虫、成虫及茎秆、叶片为害状

四、沙地衬膜水稻生产技术

包红霞 张力焱 王 健 塔 娜 孙翠玲

沙地衬膜水稻生产技术是 20 世纪 90 年代初，内蒙古通辽市农业科学研究院研究员严哲洙同志发明的一项沙地治理技术，简称沙漠种稻技术。

通辽市库伦旗敖伦嘎查示范点

沙地衬膜农业是通过在沙地下层铺设聚乙烯薄膜，阻断水分与肥料的渗漏，来克服沙地漏水漏肥的特性，并集成作物丰产栽培、节水灌溉等技术，进行沙地农作物生产的农业。它是一种因地制宜、趋利避害，充分利用沙地自然条件的沙地农业生产方式，

通辽市奈曼旗希索图嘎查示范点

是经济治理沙地的有效途径。我国沙地面积广大，沙地衬膜农业发展前景不容忽视。近年来，该技术被引进到赤峰、鄂尔多斯、齐齐哈尔等地。

从原则上讲，凡是适合农作物生长的沙区都可以推广该技术。各沙区可以根据气候、沙子成份和水资源条件等，形成不同种植结构特点的各具特色的沙地衬膜农业。选用适宜的优良作物品种和配套的优质高产栽培技术，衬膜沙地生产的农作物品质并不降低。在衬膜条件下，水肥管理是可控的，可以通过施用有机肥来生产有机农产品。由于在内蒙古通辽市水稻种植效益比较高，所以，人们喜欢在衬膜沙地上种植有机水稻来获得更高的经济收入。

生态性和经济性是沙地衬膜农业的生命力。以通辽沙地衬膜水稻为例，在植被极为稀疏的平缓沙地上造田种植水稻后，地面由于被水稻郁蔽并有水覆盖，夏季微环境发生了本质变化。秋季水稻收割后，地面虽然近于裸露，但是由于根茬的固着作用和土壤有机质成分的增加，冬季稻田土壤并不发生风蚀，从而彻底改变了沙地原来的环境特征和生产特征。衬膜造田每亩需要投资 4 000～5 000 元，亩产普通稻谷 500 kg 以上，按照每 1 kg 普通稻谷 4 元计算，3 年就可以收回投资。把毫无生产能力的沙地改造为高产良田，在生态效益和经济效益之外，还可以增加耕地面积。

我们依据内蒙古通辽市的研究推广实践，编写了《沙地衬膜水稻生产技术》，希望能对广大沙区农民朋友有所帮助。《沙地衬膜水稻生产技术》分为选地造田、培育壮秧、本田管理和病虫草害防治 4 个部分。

（一）造 田

1. 适宜地区

沙地衬膜水稻起源于内蒙古通辽市科尔沁沙地，目前已推广至内蒙古赤峰市、鄂尔多斯市及黑龙江省齐齐哈尔市。在沙化严重的地区，只要满足3个条件即可种植，地下水源充足；光照、积温等自然条件满足水稻的生长；沙地无盐碱、无黏土、无芦苇生长。选择地块时尽量选平缓的沙地，以减少平地的工程量，节约成本。

科尔沁沙地原貌

2. 田面规划

各地根据实际情况进行合理的田面规划布局，以下方案仅供参考。

考虑到水源井的使用效率、管理和机械化操作，设计造田单元为100亩，每单元一眼机电井，分为10个小池子。灌溉采用地下低压管灌，水源井设计为6寸井，7.5 kW潜水泵，一条主输水管道，地下埋深1.8m，视每个小池子的大小设1～2个出水口。

3. 沙地造田基本要求

不漏水是沙地衬膜造田成功的关键。

衬膜造田的沙子要有一定的厚度。沙子没有一定厚度，不利于大型机械作业，会影响塑料薄膜的寿命，而且水分管理也麻烦，但沙子过厚造田用工量多，一般厚度在衬实后50～70 cm为宜。

池子面积要大。池子面积大，池埂子占的面积小，减少漏水机会，提高有效面积，而且方便机械化作业。但池子太大不利于平整，所以单个池子面积以 7～10 亩为宜。

田面要平。单个池子要绝对整平，田面相差高度不超过 3 cm，以利于田间管理。

塑料薄膜不外露。所有造田用塑料薄膜，不要露出，防止日晒风化，延长薄膜使用寿命。

4. 防渗层设计

防渗层设计主要考虑到经济耐久和易于大面推广应用，所以选用聚乙烯薄膜作防渗层，薄膜厚度 0.1 mm。

沙地衬膜造田单元规划示意图如下。

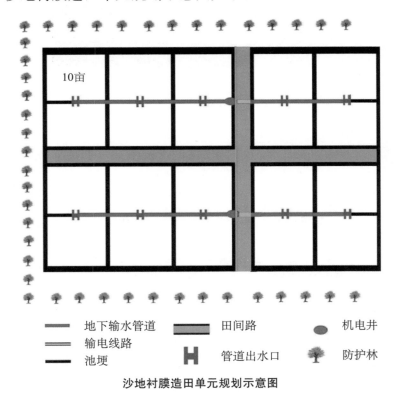

沙地衬膜造田单元规划示意图

5. 防风网带设计

适于沙地水稻种植的地区一般都是风沙较大的地区，尤其春季风沙活动频繁，极易造成流沙掩埋稻田的情况，所以必须规划设计防风网带。防风网带可种植一些灌木，如沙棘、锦鸡儿、沙打旺等。

6. 造田流程

（1）初　平

为减少初平的土方工程量，按照随高就高的原则，用水平仪器在局部测定一个基点，以该基点为田面的标准高度，用大型推土机和装载机局部推平。相邻池子间可以存在落差，但单个池子内田面落差不宜超过 20 cm。

沙地初平

（2）开　沟

用挖掘机开沟，沟深 80 cm，首次开沟宽度视挖掘机臂长而定，沟宽不能超过挖掘机臂长。

（3）平整和清理沟底

用装载机平整沟底，人工清理沟底的杂物，防止破坏塑料膜。

（4）铺设防渗层、沙子回填

在沟底铺好塑料薄膜，薄膜要延伸至池埂子上部，以防渗漏。用装载机回填沙子，回填厚度 80 cm 左右。薄膜接头处清理干净，重合 40 cm，防止漏水，如若不慎损坏薄膜，要用比损坏处大一些的薄膜补漏，补漏时应清洗薄膜表面。

沙地衬膜——回填土

（5）做池埂子

塑料薄膜边缘要延伸到池埂上，用沙子覆盖，覆沙厚度50～70 cm，上面最好再用草帘子覆盖，保护池埂。

草帘子覆盖池埂

（6）田面找平

采用水平仪器测量田面，然后用装载机找平田面，田面相差高度在10 cm以下。灌水衬实，晾至机械可以在上面作业后再次用激光平地机平整，若无激光平地机，用大型拖拉机带刮平设备在水中刮平，平整后田面高度差不超过3 cm。

田面精平

（二）育　秧

当气温稳定在10 ℃时即可播种，通辽地区播种一般在4月

15 日左右，秧苗强壮不仅有利于大田水稻后期抗病、抗虫，提高单产，而且利于机械化插秧，提高机器插秧的效率。育秧视规模可分为两种方法，工厂化大棚育秧和小棚育秧。大棚育秧适于大面积、规模化种植，小棚育秧适于小面积种植的零散种植户。下面分别介绍两种育秧方式。

1. 工厂化大棚育秧

工厂化大棚育秧温湿度易控制，而且苗床管理方便。首先搭建育秧大棚，大棚高度 2 m 左右，宽约 8 m，长度 40 m 为宜。棚内配套喷灌系统，平整地面，浇水浸湿，准备摆放秧盘。

（1）品种选择与种子处理

各地区应根据当地的积温、无霜期选择适宜的品种，通辽地区生育期适宜且品质好的品种有很多，现在生产上最常用的是稻花香 2 号，因其口感好，香味浓，深受沙区水稻种植户的喜爱。通稻 1 号品质好、产量高，达到国家优质稻米标准，可以作为轮作品种。种子处理时，首先选种，去除其中的空粒、瘪粒、坏粒，然后选择晴朗无风的天气晒种 3～5 d，杀死种子表面的细菌。之后，用恶霉灵药剂兑水，浸种 7 d，或用水稻催芽器催芽 36 h，至种子全部露白。

（2）苗床土处理

①选择干净的细沙。②土壤 pH 值 5～6 最适宜水稻发芽及幼苗生长，当土壤 pH 值超过 7 时，水稻发芽、生长显著变弱。最简单的调酸方法是用水稻苗床调节剂均匀拌于苗床河土中，剂量参照说明。然后与磷酸二铵、复合肥、营养土搅拌均匀后装于秧盘中，厚度 1.5～2 cm。③用 pH 试纸测试土壤的酸碱度。

（3）播 种

①推荐使用水稻点播播种机，定做与播种机相匹配的秧盘，

秧盘底面通气孔向上凸起 1 cm，可起到通气、保水、保肥的作用。②催芽后的种子在水分晾干之前，将水稻生根剂和恶霉灵药剂撒在种子上搅拌（用量参照说明书），均匀播于秧盘中，覆沙 0.2～0.3 cm，压实，苗床表面无种子裸露即可。

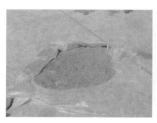

晒种　　　　　　　　选用　　　　　　　　晾种

把秧盘整齐摆放在育秧大棚内，大棚两侧边缘 30 cm 不要摆放秧盘，该区域前期温度低时，秧苗长得慢，后期温度高时，容易烤苗。大棚中间设半米宽步道，便于棚内作业，秧盘上铺盖水稻专用无纺布，不仅保湿，而且在喷水浇灌时防止冲掉覆沙。

水稻播种机播种　　　　　　　　摆放秧盘

铺盖无纺布　　　　　　　　通风炼苗

（4）种子、化肥用量

以 30 cm×60 cm 秧盘为例，每秧盘施用硫酸钾型复合肥 0.05 kg、磷酸二铵 0.05 kg、水稻壮秧剂 0.02 kg、水稻种子 0.14 kg（一般一亩地需 20 秧盘，种子量约 2.5 kg/亩，浸湿后每秧盘 0.13～0.14 kg）。

（5）苗床管理

整个育秧期间，苗床地始终保持湿润状态。苗齐后撤掉无纺布，苗床地水分过多时出苗慢，稻苗细弱；水分不足时沙子和种子易落干，即使出苗也容易得立枯病，所以要小水勤浇。出苗后早晨苗尖没有水珠，说明苗床地缺水，应补水，最好早晨浇水，有利于提高床温。出苗到 2 叶期以促进秧苗根系生长为主，用水稻生根剂兑水均匀喷雾，同时保持床面湿润通气。

棚内挂温度计，以便查看温度，避免中午温度高时浇水。若棚内温度过高（一般不超过 30 ℃），通风降温。2～3 叶期喷施叶面肥，喷施后清水冲洗，同时进行通风炼苗。通风炼苗时要视天气情况，循序渐进，温度高时大点开口通风，温度低时小点通风或者不通风炼苗。后期天气变暖时可以把棚膜全部去掉。移栽前两周用水稻生根剂兑水均匀喷雾。

大棚育秧如下。

大棚育秧

2. 小棚育秧

小棚育秧的缺点是温湿度不易控制，而且苗床管理不如大棚方便，苗床土 pH 值调整同大棚育秧一样。切忌过量施肥，因为苗床底面是塑料薄膜，不透气，不漏水肥，肥量过大容易烧苗，造成苗床土腐臭，苗根变黑。小棚一般用竹条做棚架，棚高 60～

70 cm，棚宽 1.8～2.0 m。

小棚育秧

苗床地处理

苗床上铺地膜、填沙子

（1）苗床地的选择

选择灌排水方便、阳光充足有防风条件的平地做苗床地。1 亩地本田需要 6 m² 秧田，1 m² 秧田播稻种 400 g。

（2）田面处理

按苗床地规格拉线，用沙子或土块做 5～6 cm 高的埂子。用 5％毒蛄灵粉剂兑细土、细砂等撒在床膜下面，防治地下害虫。

（3）铺地膜

铺地膜时不要踩坏地膜，地膜应铺到池埂子上。

（4）床沙处理

苗床土用沙子，沙子不要带盐碱和草籽。床沙要均匀摊铺，厚度以 2 cm 为宜。10 m² 苗床用 2 kg 水稻壮秧剂与沙子搅拌均匀，可起到调酸、施肥、防病虫害等作用。然后平整苗床面，浇透水保持田面湿润。

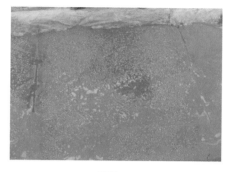

播种

（5）种子处理

首先选种，去除其中的空粒、瘪粒、坏粒，然后选择晴朗的天气晒种 3 d，用恶霉灵药剂兑水（用量参照说明）浸种 7 d，或用水稻催芽器催芽 36 h，至种子全部露白。

（6）播　种

在北方沙区，气温稳定在 10 ℃ 时即可播种，一般在 4 月 15—20 日左右。播种前苗床地要喷水，使苗床地保持湿润。撒籽要均匀，撒籽后用工具把种籽轻压到床土中，然后用没有草籽的沙子覆盖种子，沙子厚度 1 cm，要均匀，不露种子为宜。

（7）盖塑料薄膜

播种后马上盖膜，并用绳子或铁丝等压紧，以防风刮跑塑料薄膜。

（8）苗床管理

苗床管理同大棚育秧的苗床管理一样，不同的是在移栽前一周施硫酸铵 50 g/m²，秧苗生长好的秧田也可不施。

盖塑料薄膜

（三）大田管理

1. 插秧前的准备

适时早插秧是沙地水稻能够获得高产的关键，在北方沙区，当地最低气温稳定在 16 ℃时即可插秧，通辽地区 5 月 20 日左右插秧。插秧时水深 2～5 cm 为宜，冷天插秧严重影响返青，要选择好天气插秧，最好在寒潮刚过，天气转暖时开始插秧。插秧前两天，每亩施农家肥 1 000 kg、硫酸铵 5 kg、二铵 5 kg、硫酸钾 10 kg、硫酸锌 4 kg、水稻专用复合肥 15 kg 做底肥，均匀撒施。

2. 插　秧

采用机器插秧，行距 30 cm，株距 13 cm，每穴插 3～4 株为宜。插秧前旋耕机旋地，插秧后 3～5 d，保持浅水层 2 cm 为宜，及时补苗，补齐补全，补的苗最好用相同品种的老壮苗。插秧后一周，每亩用丁草胺 0.1 kg＋草克星 1 袋封闭杂草。

插秧机插秧

3. 水分管理

插秧后水稻返青期间，为了提高水温，水层保持 2～3 cm。返青后至分蘖期，保持高度湿润或浅水层。从分蘖到出穗期浅水灌溉和湿润灌溉相结合，灌浆结实期做到前浅、中晒、后湿的灌溉原则。早春或秋季稻谷没有成熟前如果有霜冻,霜冻前灌溉深水防止霜冻的危害。

4. 分蘖期管理

移栽后 10 d 左右水稻分蘖开始,分蘖初期是水稻吸收氮素高峰期,所以要及时追施分蘖肥,每亩追施硫酸铵 10 kg、硫酸钾 10 kg、分蘖期水分管理以浅水灌溉为主,结合轻度晒田、杀死地下害虫,保持土壤透气性。分蘖末期晒田,抑制无效分蘖、增加土壤透气性。

5. 开花期管理

开花期是水蒸发量最多、对干旱的抵抗力最弱的时期。这个时期杜绝晒田,及时灌浅水。每亩追施硫酸铵 5 kg、硫酸钾 5 kg。

6. 结实期管理

这个时期是水稻吸收氮肥和钾肥的高峰期,为了防止水稻早衰,促进生长,水稻出穗后最好每亩施 10 kg 硫酸铵、10 kg 硫酸钾。此时进行浅、干、湿交替灌溉。

7. 收　获

一般来说,当水稻植株大部分叶片由绿变黄,稻穗失去绿色,穗中部变成黄色,稻粒饱满,籽粒坚硬变成黄色即可收获,通辽地区一般在 9 月末收获。收获前几天浇一次水,利于提高稻米品质。收获过早,籽粒没有充分成熟,秕粒、青粒多,出米率低、米质差;收获过晚,茎秆倒折、稻壳厚、米质发暗无光泽。

水稻收割机有两种,一种是收获后秸秆直接粉碎还田,可培肥地力。另一种是收获后不粉碎秸秆,水稻秸秆可以当做牲畜饲草,也可以编成草帘子护埂。

收获时留稻茬 5 cm 以上,防沙固沙。收获后水稻不要堆放在稻田里,防止老鼠等小动物为了吃粮食而破坏地膜。

8. 有机水稻的种植管理

沙地衬膜稻田是生产有机水稻的天然基地，具备有机生产的条件。沙地衬膜稻田种植有机水稻的优势有以下几点：一是从地理位置上，一般荒漠化的沙区都远离村镇、工业、居民区等，不存在人为造成的地下水、空气等污染。二是从土壤上，沙土虽然贫瘠，但也非常纯净，多少年来从未被开发利用过，所以土壤中无任何化肥、农药残留，而且病菌、害虫极少。所以种植沙地水稻时，病虫草害少有发生。三是从地下水上，以科尔沁沙地为例，6 寸井深 50m 即可保证水源充足，而且地下水甘甜纯净，无任何污染。四是从日照、积温、空气上，沙区常年晴空万里、日照时数长、积温高、空气清新，可以加速水稻的生长发育，促进干物质的积累，提高稻米的品质。

有机水稻的种植中杜绝施用化肥、农药，提倡全部使用有机肥料。在沙地衬膜稻田上种植有机水稻，每亩施腐熟的鸡粪、羊粪、猪粪 6~8 m³，或饼肥 200 kg 作为底肥，施肥后用旋耕机旋耕搅拌均匀。注意"有机无机复合肥"因含有无机化学肥料成分，不可使用。在返青期、分蘖期、孕穗期、灌浆期，根据作物长势等情况追施 2~3 次有认证许可的有机叶面肥和有机菌肥，以保证水稻不同生长期对各种营养的需求。

有机水稻的病虫草害防治：病害可选用井岗霉素，禁止使用化学合成的农药及基因合成的产品。虫害可选用"清源保"水剂、"全中"苦参碱制剂等，或用生物防虫，即利用某些生物或生物代谢产物可控制害虫的发生和危害，增加害虫天敌数量或利用微生物农药，均可达到防治的目的。如保护青蛙、蜘蛛等害虫天敌。草害的防治可以采用晒田、人工除草、覆膜插秧、稻田养鸭等措施。

（四）病、虫、草害防治

病虫草害防治首先应做到科学用水，浅水勤灌，适时晒田，增加苗田通气性，这样可有效减少细菌性病害的发生，抑制虫害的生长繁殖。另外应狠抓种子浸种、催芽、育秧的质量，秧苗强壮也可有效减少病害。同时，还要强调秧田整地质量，农家肥要充分腐熟，做到科学施肥、浇水。以下列举了沙地衬膜稻田常见的病虫草害及其防治方法。

1. 水稻病害防治

（1）水稻稻瘟病

稻瘟病一般减产 10%～20%，严重时减产 40%～50%，甚至颗粒无收。稻瘟病主要为害叶片、茎秆、穗部，根据为害时期、部位不同分为苗瘟、叶瘟、节瘟、穗颈瘟、谷粒瘟。

稻瘟病

叶瘟

防治方法：在稻瘟病常发期，将奥力克稻瘟康按 300 倍液稀释进行喷雾，重点喷药的部位是植株的上部。发病前期，将奥力克稻瘟康按 300 倍液稀释，并添加适量渗透剂如有机硅等，进行喷雾，重点喷施植株的上部，3 d 用药 2 次。发病中后期，按奥力克稻瘟康 75 mL＋大蒜油 15 mL，兑水 15 kg 稀释喷雾，3 d 一次，连用 2～3 次。

（2）细菌性条斑病

细菌性条斑病又称细条病、条斑病，主要危害叶片。病斑初

为暗绿色水浸状小斑，很快在叶脉间扩展为暗绿至黄褐色的细条斑，大小约 1 mm×10 mm，病斑两端呈浸润型绿色。病斑上常溢出大量串珠状黄色菌脓，干后呈胶状小粒。发病严重时条斑融合成不规则黄褐至枯白大斑，与白叶枯类似，但对光看可见许多半透明条斑。病情严重时叶片卷曲，田间呈现一片黄白色。

细菌性条斑病-1

防治方法：发现病株后，喷洒 20％叶枯宁（叶青双）可湿性粉剂，每亩用药 100 g 兑水 50L，用叶枯宁防治效果不好时，可同时加入硫酸链霉素或农用链霉素

4 000 倍液或强氯精 2 500 倍液，防效明显提高。此外，每亩还可选用 10％氯霉素 100 g 或 70％叶枯净（杀枯净）胶悬剂 100～150 g 加 25％叶枯灵（渝－7802）可湿性粉剂 175～200 g，兑水 50～60 L 喷洒。

细菌性条斑病-2

2. 水稻虫害防治

（1）水稻螟虫

成虫　　　　　　　二化螟钻蛀水稻茎秆

螟化蛹

幼虫

别名钻心虫，属夜蛾科鳞翅目。螟虫一生分为成虫、卵、幼虫和蛹 4 个阶段，只有幼虫阶段才蛀食稻茎。二化螟幼虫身体淡褐色，背部有 5 条紫褐色纵线；三化螟幼虫黄白色或淡黄色，背中央有一条绿色纵线。螟蛾白天隐伏在禾丛间或草丛间，夜晚活动，有趋光性和趋向嫩绿稻株上产卵的习性。在水稻分蘖和孕育期产卵较多，初孵幼虫先群集于叶鞘内为害形成枯鞘，以后蛀茎形成枯心等，老熟幼虫在稻茎内化蛹。二化螟和三化螟为害都是钻蛀水稻茎秆，在苗期和分蘖期造成枯心苗；在孕穗初期侵入，造成枯孕穗；在孕穗末期和抽穗初期侵入，咬断穗颈，造成白穗或虫伤株。

蟆虫田间危害

防治措施：在蟆虫盛孵和化蛹前，田间只留遮泥水，使蚁蟆危害或化蛹部位降低，盛孵或化蛹高峰后，猛灌深水 13～16 cm，可消灭大量蟆虫。

药剂防治：插秧前每亩施用 3‰呋喃丹颗粒剂 1.5～2.0 kg，掺细土 15～20 kg 拌匀后，撒施水面；插秧后每亩用 40％乐果乳油 150 mL 加水 200～300 kg 泼浇，或每亩用药量减半，兑水 50 kg喷雾。

（2）粘 虫

别名粟夜盗虫、剃枝虫，俗名五彩虫、麦蚕等，属鳞翅目夜蛾科。粘虫成虫体长 15～17 mm，

粘虫

翅展 36～40 mm。头部与胸部灰褐色，腹部暗褐色。成虫昼伏夜出，傍晚开始活动，黄昏时觅食。幼虫食叶，大发生时可将作物叶片全部食光，造成严重损失。因其群聚性、迁飞性、杂食性、暴食性，成为全国性重要农业害虫。成虫有趋向蓝色荧光灯习性，可以用蓝色荧光灯诱杀防虫。

防治措施：防治粘虫时防效从高到低顺序为辛硫磷、丁硫克百威、双甲脒。丁硫克百威与辛硫磷以 1∶4 混配，增效作用显著。双甲脒与丁硫克百威及双甲脒与辛硫磷 1∶1 混配有增效作用。

（3）菜粉蝶

别名菜青虫，菜粉蝶属完全变态发育，分受精卵、幼虫、蛹、成虫四个阶段。成虫体长 12～20 mm，翅展 45～55 mm，体黑色，胸部密被白色及灰黑色长毛，翅白色。幼虫咬食寄主叶片，2 龄前仅啃食叶肉，留下一层透明表皮，3 龄后蚕食叶片，严重时叶片全部被吃光，只残留粗叶脉和叶柄，造成绝产。

菜粉油菜幼虫

防治措施：在幼虫 2 龄前，可选用Bt500～1 000 倍液，或 1‰杀虫素乳油2 000～2 500倍液，或0.6‰灭虫灵乳油1 000～1 500 倍液喷雾 2～3 次。

（4）田　螺

田螺为软体动物，身体分为头部、足、内脏囊等 3 部分，头上长有口、眼、触角以及其他感觉器官，体外有一个外壳。田螺的足肌发达，位于身体的腹面。田螺咬食水稻主叶及有效分叶，致有效穗减少而造成减产。壳高约3.5 cm 的螺，一日可食水稻秧苗高达 12 株左右，当农田里的螺密度高时，可造成 50％以上的产量损失。

田螺

防治措施：每亩用45％三苯基乙酸锡粉剂60 g兑水30 kg喷雾，对田螺有很好的防治效果。

3. 水稻草害防治

（1）稗子

稗子是一年生草本植物，稗子和稻子外形极为相似，形状似稻但叶片毛涩，颜色较浅。稗子与稻子共同吸收稻田里养分，因此，稗子是稻田里的恶性杂草，但同时也是马牛羊等牲畜的优质饲料，营养价值较高，根及幼苗可药用，能止血，主治创伤出血，茎叶纤维可作造纸原料。

稗草

防治方法：水稻缓苗后，每亩用二氯喹啉酸10～20 g兑水30～45 kg均匀喷雾。稗草严重发生时，可用五氟磺草胺（稻杰）每亩30～50 mL或双草醚3～4 g兑水均匀喷雾。由于稗草发生密度大，除了化学防治，还应做好生物防治、物理防治等。

（2）异型莎草

异型莎草为莎草目莎草科，一年生草本。花果期夏、秋季，以种子繁殖，子实极多，成熟后即脱落，春季出苗。为低洼潮湿的旱地的恶性杂草，生于稻田或水边潮湿处。

异型莎草

防治方法：采用一次性封杀，即在插秧后1～3 d，亩用40％"直播青"可湿性粉剂60 g兑水40～50 kg，均匀喷雾。

（3）三棱草

三棱草原名半夏，多年生草本，块茎圆球形，直径 1～2 cm，有须根。高 60～100 cm，根状茎匍匐，节部通常膨大成近球形块茎。秆数条丛生，纤细，三棱形，有封闭的长叶鞘。三棱草也是水稻田间莎草科杂草，它与水稻生长在一起会与水稻幼苗争光争肥，影响田间通风透光、滋生病虫，严重时草荒苗，造成减产，甚至绝收。

三棱草

防治方法：水稻移栽后 10～20 d，水稻分蘖盛期，也是杂草生长的旺盛时期，此时对于田间杂草除人工除草外，可施用吡嘧、二氯喹或氰氟草酯与五氟磺草胺的混配制剂（稻喜）等药剂，喷药前排水使杂草茎叶 2/3 以上露出水面，施药后 24～72 h 灌水，保持 3～5 cm水层 5～7 d，效果更好。

五、优质荞麦高产栽培技术

张春华　呼瑞梅

（一）品种选择及特点

选用优质、高产、商品性好、适宜本地区种植的甜、苦荞品种：大三棱、通荞1、通荞2号、通苦荞1号等品种。这些新品种具有株型整齐、紧凑、生长势强、高产稳产、抗病性强、适应性强、耐瘠薄等特点。生育期80～90 d，平均亩产150～200 kg。

荞麦对土壤的适应性比较强，只要气候适宜，任何土壤均可种植，但以有机质丰富、结构良好、养分充足、保水力强、通气性好的土壤为宜。荞麦是粮食作物中唯一具有"药食同补"特性的作物，营养丰富，营养成分主要有蛋白质、多种维生素、芸香甙（芦丁）类强化血管物质、矿质营养元素、植物纤维素等；具有提高机体免疫力、降三高、抗疲劳、抗癌等作用。

（二）主推栽培技术要点

1. 选地、整地

选择质地疏松、排灌良好、有机质含量0.8%以上的壤土或沙壤土，黏土或碱性偏重的土壤不宜种植。选择前茬为非蓼科作物（如豆类、糜谷类等），忌连作。荞麦一般以春、秋深耕为主。在进行春、秋深耕时，力争早耕。深耕时间越早，接纳雨水越多，土壤含水量相应越高，而且熟化时间长，土壤养分的含量相应也高，才能生产出优质高产的荞麦。

2. 播　种

播种前进行种子精选、晒种，为了防治地下害虫进行药剂拌种处理。在缺少微量元素的地区或地块，可施用少量微肥。在通辽地区适宜 6 月中下旬抢墒播种，覆土严密但不宜太厚。

3. 留苗密度及中耕除草

一般肥力地块甜荞亩保苗 4 万～6 万株左右，苦荞亩保苗 6 万～8 万株左右，肥地苗密度低、薄地苗密度加大。加强田间管理，尽早中耕除草，早间苗、早定苗，去弱留壮，均匀留苗，以进入开花封垄前完成为宜。

4. 施　肥

施用量应根据地力基础、产量指标、肥料质量、种植密度、品种和当地气候特点科学掌握。条件许可施优质有机肥 1 500 kg/亩，结合播种施磷酸二铵 10 kg/亩，并在花期封垄前结合中耕追尿素 5 kg/亩，地力条件较好可不施或少施肥。

5. 灌　水

荞麦开花灌浆期如遇干旱，应灌水满足荞麦的需水要求，以保证荞麦的高产。

6. 辅助授粉

在荞麦花期实行荞田放蜂或人工辅助授粉，提高结实率。开花 2～3 d，每 3 亩地左右安放 1 箱蜜蜂。也可在盛花期采用人工辅助授粉，每隔 2～3 d 授粉一次，连续授粉 2～3 次。于上午 9—11 时，下午 2—4 时，用长 20～25 m 的绳子，系一狭窄的麻布条，由两个人各执一端，沿地的两边从一头走到另一头，往复 2 次，行走时让麻布条接触甜荞的花部，振动植株。

7. 收　获

大约在 9 月中下旬，全株 70% 籽粒呈现本品种固有颜色时收获较为适宜。收获时间应选在早晨和上午，以免严重脱粒。

（三）病虫害综合防治

通辽地区荞麦病虫害较少，但个别地块也有不同程度的发生。主要病害有立枯病、轮纹病、褐斑病、叶斑病等，主要虫害有西伯利亚龟象甲、甜菜夜蛾、钩刺蛾、黏虫、草地螟、叶甲、跳甲、蚜虫、地老虎、蝼蛄、蛴螬等。

遵循"预防为主，综合防治"的植保方针。坚持以"农业防治、物理防治、生物防治为主，化学防治为辅助"的绿色防控原则。

农业防治：选用优质、高产、抗病虫品种，播前进行种子消毒，增施腐熟有机肥，合理密植，保持田园清洁，创造适宜的生长条件。

生物防治：选用浏阳霉素、武夷霉素、农抗120、多抗霉素等生物药剂防控真菌性病害。选用印楝素、苦参碱、烟碱等植物源药剂，生物药剂阿维菌素防控蚜虫。

1. 荞麦主要病害

立枯病，俗称腰折病，危害时期：幼苗、花蕾期，危害部位：幼苗的茎秆，危害症状：受害的幼苗茎基部出现赤褐色病斑，病斑逐渐扩大凹陷，严重时扩展到茎的四周，幼苗萎蔫枯死。防治措施：深耕轮作。

轮纹病，危害时期：花蕾期，危害部位：叶片、茎秆，危害症状：叶片病斑呈圆锥或近圆形，淡褐色，茎秆病斑呈梭形，椭圆形，红褐色，受害严重时，常造成叶片早期脱落，植株枯死。防治措施：温汤浸种。

褐斑病，危害时期：花蕾期，危害部位：叶片，危害症状：外围呈红褐色，有明显边缘，中间因产生分生孢子而变为灰色，湿度大时叶背生有灰色霉状物，病叶渐渐变褐色枯死脱落。防治措施：深耕轮作。

立枯病（图1）、轮纹病（图2）、褐斑病（图3）还可以用70%甲基硫菌灵500～600倍液，或50%多菌灵500倍液，或25%嘧菌酯1 500～2 000倍液，或25%溴菌腈1 000～1 500倍液，或64%恶霜灵·锰锌600～800倍液喷雾防治。

2. 荞麦主要虫害

甜菜夜蛾：防治效果最好是生物源杀虫剂 25 g/L 多沙霉素悬浮剂，其次是 5％甲维盐水分散粒剂喷雾。

西伯利亚龟象甲：成虫体深灰色，体长 2.5～3.5 mm，西伯利亚龟象成虫啃食刚出土幼苗，因为苗小，虫口密度大时造成毁种，幼虫孵化后即蛀入荞麦根茎处，在苗期易引起荞麦根腐病发生，后期引起倒伏，造成减产甚至绝收。播种后 4～5 d（幼苗出土前后），用联苯菊酯按每亩 80～100 g 兑水 30 kg，均匀喷雾。也可使用8％丁硫啶虫脒按每亩 30～40 mL 兑水 30～45 kg 均匀喷洒，间隔 7～10 d 再喷雾一次，防治效果可达 85％以上。

钩刺蛾：防治效果最好是 25 g/L 多沙霉素悬浮剂喷雾。

蚜虫：防治效果最好是 50％吡蚜酮水分散粒剂，生物杀虫剂 1.5％苦参碱可溶剂防治效果明显。

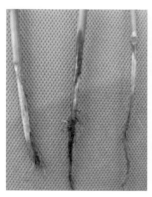

立枯病

轮纹病

褐斑病

甜菜夜蛾

西伯利亚龟象甲2图

钩刺　　　　　　　　　　　蛾蚜虫

六、优质谷子高产栽培技术

白乙拉图 文 峰

（一）品种选择及特点

通辽地区谷子种植主要分布在奈曼、库伦、扎旗一带。主推品种以通谷1号、大金苗、赤谷16、张杂谷5、6号为主，生育期在110～130 d，抗逆性强，平均亩产350～400 kg。

（二）谷子栽培技术要点

1. 播种前准备

（1）种子处理

播前晒种2～3 d，可用50%辛硫磷乳液0.3 kg，拌种100 kg防治地下害虫；用25%甲霜灵可湿性粉剂以种子重量0.2%～0.3%的药量拌种。或用25%甲霜灵与50%克菌丹，按1∶1的配比混用，以种子重量0.5%的药量拌种，防治谷瘟病、白发病和黑穗病。

（2）选地整地

选地：选择土质疏松、保水保肥能力强、肥力中等以上的水浇地，前茬以豆类、薯类等作物为好，切忌重茬。

整地：秋季旋耕、灭茬、镇压，耕翻深度25～30 cm为宜。播前旋耕耙糖，蓄水保墒，将土壤整平耙细，上虚下实，为一次抓全苗创造条件。

2. 播 种

（1）播种时间

地温稳定在8～10℃时播种，通辽地区一般在5月上中旬播种，墒情好的地块要适时早播。

（2）播 种

播种量0.5 kg/亩左右，播种行距0.5～0.7 m，深度在3～4 cm，播后镇压1次，如播后遇雨有可能造成土壤板结，应及时破除板结，有利于出苗。

3. 施 肥

（1）基 肥

结合整地施入，以农家肥做基肥，一般亩施优质农家肥1 500～2 000 kg，随耕翻施入。

（2）种 肥

播种时施入磷酸二铵15 kg/亩、硫酸钾5 kg/亩，施肥时要做到种肥隔离。

（3）追 肥

追肥在抽穗前15～20 d进行，结合趟地施入尿素10 kg/亩。

4. 田间管理

（1）间苗和定苗

4～5叶时第一次间苗，6～7叶时根据留苗密度定苗，亩留苗数3万～4万株为宜。留苗方式采用双行或三行调角留苗。如下图：

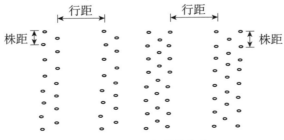

双行和三行调角留苗方式

（2）中耕除草

中耕一般在幼苗期、拔节期和孕穗期进行。4～5叶时，结合间苗铲地、浅培土；拔节期耘一遍地，耘地前要将垄眼上的杂草、残株、病株、虫株、弱小株及过多的分蘖拔除；孕穗期趟地培土。

（3）灌　溉

灌水结合降雨情况进行，灌水时期为：播前10～15 d、拔节期、孕穗和抽穗期、灌浆期。

5. 收　获

谷粒全部变黄，硬化后及时收割、晒晾，干后脱粒。

（三）谷子病虫害防治技术

1. 谷子病害防治

谷子主要病害是谷瘟病、白发病、黑穗病、叶锈病等。一般要采用合理轮作、药剂拌种和种植抗病品种等综合措施进行防治。

（1）谷瘟病

谷瘟病在谷子的整个生育期都有可能发生，苗期症状为叶片和叶鞘上呈现青褐色病斑，拔节后，病斑传播到叶片、叶鞘、茎节、穗颈、穗码、小穗梗上。叶瘟病多在7月上旬开始发生，叶片上产生梭形、椭圆形病斑，一般长1～5 cm，宽1～3 cm。节瘟病多在抽穗后发生，茎杆节部出现褐色凹陷病斑，逐渐干缩，抽不出穗，或抽穗后干枯变色，病株茎杆易倾斜倒伏。穗颈和小穗梗发病，产生褐色病斑，扩大后可环绕一周，使之枯死。

防治方法：用甲霜灵、代森锰锌等药剂拌种，除防治谷瘟病，也可兼治白发病和黑穗病。在发病期，用克瘟散或稻瘟净乳油喷雾防治。

（2）白发病

谷子的主要病害，主要发生在谷子的幼苗时期。幼苗10～

12 cm时，叶片呈黄绿色，且变厚或扭曲，出现黄白色条纹。随着植株生长，病株的心叶不能正常展开，只能抽出黄白色的顶叶，7~10 d后，病叶变褐色，病株不能抽穗或畸形。

防治方法：①拔除、拔净病株，并带到地外深埋。②用甲霜灵拌种，或用甲霜灵与克菌丹混合拌种，可兼治黑穗病。

（3）黑穗病

谷子穗部受病菌危害后，种子形状变大，呈卵圆形，内部充满黑褐色粉末，病穗抽穗迟，穗直立，不下垂，穗长大、感病谷粒呈灰白色。

防治方法：药剂拌种是防治黑穗病的最有效方法，可用立克秀（戊唑醇）、粉锈宁乳油拌种。

2. 谷子虫害防治

（1）蝼蛄及地下害虫

蝼蛄喜食刚发芽的种子，危害幼苗，不但能将地下嫩苗根茎取食成丝丝缕缕状，还能在苗床土表下开掘隧道，使幼苗根部脱离土壤，失水枯死。

防治方法：①用辛硫磷乳油拌种，可防治多种地下害虫，不影响发芽率。②用敌百虫拌谷糠做成毒饵撒在地面，可诱杀蝼蛄、金针虫、蛴螬等地下害虫。

蝼蛄　　　　　　　　蛴螬　　　　　　　　地老虎

（2）粟灰螟

又称钻心虫，主要以幼虫钻茎危害，在谷子生育前期造成枯心，后期造成白穗而不实，遇到风雨容易倒伏。

防治方法：在幼虫蛀茎之前，用甲基 1605 粉剂或西维因粉剂拌细土制成毒土，撒在谷苗根际防治；在幼虫蛀茎之后，用甲基对硫磷（1605）乳油拌细土后顺垅撒在谷苗根际附近防治。

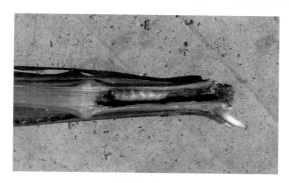

粟灰螟幼虫

（3）粟穗螟

幼虫在谷子穗上吐丝结网，食害谷粒，收获后并能随粮进仓继续危害。

防治方法：掌握在卵孵盛期或幼虫 2 龄前，喷施杀虫双水乳剂或杀螟威、溴氰菊酯乳油等药剂防治。

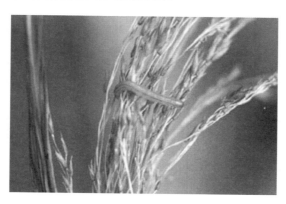

粟穗螟幼虫

七、优质糜子高产栽培技术

白乙拉图　文　峰

（一）糜子种植分布

通辽地区糜子种植主要分布在科左中旗、扎鲁特旗、科左后旗、库伦等旗县。

（二）糜子栽培技术要点

1. 播种前准备

（1）品种选择

应根据当地气候条件选用抗逆性强，高产、优质糜子品种。如：通糜 1 号、固糜 21 号、宁糜 10 号、赤糜 2 号等品种。通糜 1 号是通辽市农科院新选育的高产、优质、抗逆性强、适应性广、适合本地推广的品种。

（2）晒　种

播前一周进行晒种，并经常翻动种子，以保证晒匀。

（3）药剂拌种

用药、水、种 1：40：500 比例的 50％甲胺磷拌种可防治蝼蛄、蛴螬等地下害虫。播种前用药、水、种 1：20：200 比例的农抗 769 或用种子量的 0.3％的拌种双拌种，对糜子黑穗病防治效果好。

2. 选地整地

（1）选　地

糜子对土壤有较强的适应性，除低洼地、严重盐碱地外都可种植，最适合种植糜子的土壤是土层深厚，有机质丰富的沙壤土。前茬以豆类、薯类等作物为好，切忌重茬。

（2）整　地

秋翻地、耙耱，碾压，耕翻深度 20～25 cm 为宜。这样整地能增加沙地、坡地的蓄水保墒性能，容易抓苗。播前旋耕耙耱，蓄水保墒，将土壤整平耙细，做到土壤上虚下实。

3. 播　种

（1）播种时间

通辽地区在 6 月上旬播种，墒情好的地块要适时早播。

（2）播　种

播种量 0.7～1 kg/亩，播种深度 4～6 cm，播后镇压 1 次。如播后遇雨有可能造成土壤板结，应及时破除板结，有利于出苗。

4. 施　肥

（1）基　肥

结合整地施入，以农家肥做基肥，施肥量每亩 500～800 kg。

（2）种　肥

播种时每亩施入磷酸二铵 10 kg、尿素 10 kg。

（3）追　肥

糜子拔节至孕穗期，结合浇灌亩追施尿素 5～8 kg。

5. 田间管理

（1）间苗和定苗

当糜子生长到 3 叶时进行间苗，4～5 叶时定苗，田间亩留苗数 3 万株左右。

（2）中耕除草

糜子生长到 2～3 叶时结合间苗第一次中耕，此时要做到浅锄、碎土、清除杂草。在 4～5 叶期，结合定苗进行第二次中耕，此时要做到除草、松土，并与去除劣苗、弱苗相结合。拔节后要进行一次清垄，彻底拔除杂草和弱苗、病苗、虫苗等，随后进行中耕培土。

（3）灌　溉

播种前半个月前灌水，灌水后应及时整地保墒。生育期灌水需根据天气、土壤墒情和糜子的长势来掌握灌水时期和次数。干旱年份在分蘖期、孕穗期、灌浆期各灌一次，雨水正常的年份只需在孕穗期结合追肥灌一次。

6. 收　获

通辽地区一般在9月上旬收获，晾晒2～5 d，进行脱粒。

（三）糜子病虫害防治技术

1. 糜子的病害防治

病害综合防治方法：选择种植抗病品种、合理轮作、药剂拌种、加强田间管理、氮元素肥料不能过量施用等措施进行防治。

（1）糜子黑穗病

症状：病株上部叶片短小、直立向上，分枝增多。病穗成一菌瘤，伸出叶鞘，外面包白色或灰黄色膜，较厚，里面充满黑粉。膜破后散出黑粉，残留黑色丝状残余组织。

防治方法：①用多菌灵、甲基托布津、甲霜灵拌种。②在黑粉散落前，及时拔除病株。

（2）糜子红叶病

症状：因品种的不同和感病时间的迟早而不同。紫杆品种感病后，叶尖变红，逐渐蔓延，使整个叶片变红。一般叶面先变红，叶背经过较长时间才变红。苗期发病，基部叶片先变红；抽穗期发病，则上部叶片先变红；灌浆及乳熟期发病，颖和刺毛变红，但籽粒颜色不变。感病严重时，叶片呈深紫色，叶缘和叶脉的颜色较深。除变色外，病株还会出现植株矮化、叶面皱折、叶缘波纹状、顶叶簇生，节间缩短、穗粒空秕、穗直立不下垂等畸形现象，植株感病越早，发病越严重。黄秆品种感病后，节间有缩短现象，整株矮化，但不严重。叶片和花序呈现不正常的黄色或浅土黄色。

防治方法：①选用抗病品种是最有效的方法。②加强田间管理，清除地边杂草、早期防治蚜虫。③必要时可用菇类蛋白多糖水剂（原名抗毒剂1号）或病毒A可湿性粉剂、病毒王可湿性粉剂喷雾处理。

2. 糜子的虫害防治

（1）蝼蛄及地下害虫

蝼蛄喜食刚发芽的种子，危害幼苗，不但能将地下嫩苗根茎取食成丝丝缕缕状，还能在苗床土表下开掘隧道，使幼苗根部脱离土壤，失水枯死。

防治方法：①用辛硫磷乳油拌种，可防治多种地下害虫，不影响发芽率。②用敌百虫拌谷糠做成毒饵撒在地面，可诱杀蝼蛄、金针虫、蛴螬等地下害虫。

| 蝼蛄 | 蛴螬 | 地老虎 |

（2）糜子吸浆虫

幼虫蛀食花器，使子房不能正常授粉或发育，形成空壳秕粒，受害穗颖呈灰白色失水风干状，籽粒的内颖、外颖褪色变白。

防治方法：①播种前去除混入种子中的虫粒。②在成虫产卵期，喷撒辛拌磷粉剂、甲基对硫磷粉剂、除虫粉，或用敌杀死乳油、辛硫磷乳油喷施。

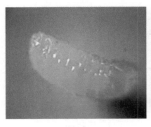
幼虫

中蛹

成虫（左雌右雄）

（3）蓟　马（图7、图8）

蓟马主要危害期为孕穗期，以成虫和幼虫锉吸植株的枝梢、叶片的汁液，被害的叶片呈黄色、卷曲，使植株生长缓慢，节间缩短，不抽穗或晚抽穗，穗粒数减少。

防治方法：蓟袭 3％苯氧威喷雾，同时可以与阿维菌素混合使用，或用氯氰菊酯、吡虫啉等喷施。

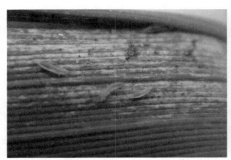
蓟马

受害株

八、向日葵高产栽培技术

田福东　丁　宁

（一）品种选择及特点

大田栽培向日葵主要分为干果食用型、油用型、中间型（食用、榨油均可）三类，另外还可以大田复播油葵作绿肥。选择高产、抗病、生育期适宜的杂交种，要求纯度90％以上、净度不小于98％、发芽率不低于95％。通辽地区主要以食葵为主，主栽品种为杂交种美葵系列SH363，亩产在250～350 kg，其次是油葵杂交种，亩产在150～200 kg。

（二）栽培技术要点

1. 播前准备

选地与整地：向日葵对前茬作物有一定选择。因向日葵需肥多，特别是钾肥的需要量大，同时若连作会使菌核病和灰象甲、列当等寄生草的危害加重。因此，要做好轮作倒茬，如小麦、油菜、甜菜、草木樨等为前茬最佳。向日葵对土壤要求不严格，轻黏土、壤土、沙土、含盐量在0.4％～0.6％的盐碱地均可种植，但黏土、重沙土、积水的洼地不宜种植。土地要平整，便于机械耕作，有利于提高播种质量。冬前要秋翻冬灌，整地要求达到"深、松、齐、碎、平、净、墒"七字标准。

2. 施　肥

基肥应以农家肥为主，增加土壤有机质，提高土壤肥力，为向日葵优质高产创造良好的土壤环境。结合播前秋翻施入基肥，每亩施有机肥 1 500～2 000 kg，每亩掺施过磷酸钙 30～40 kg 或磷酸铵 25～30 kg，硫酸钾 5～10 kg，氮素（尿素）20～25 kg。以肥定产，推广配方施肥。

3. 播　种

（1）选　种

选用适应当地生产的高产优质杂交种。向日葵种子大小不均匀，有饱满和秕瘦之分，加之虫害严重，虫籽多，种子必须严格筛选、晒种。播前种子要进行发芽试验，发芽率要在 90％以上，千粒重 80～100 g。播前种子要拌药，用内吸性杀菌剂拌种可以防治向日葵霜霉病、菌核病等，用 50％的福美霜或 25％、30％瑞毒霉药剂加水配成 0.1％浓度的药液喷雾拌种，也可用 50％多菌灵悬浮剂加水稀释成 0.6％浓度药液，喷雾拌种。

（2）播种时间

通辽地区向日葵播种，食葵 5 月 25 日至 6 月 15 日之间，油葵 6 月 1 日至 6 月 20 日。播种量为 0.5～0.8 kg/亩。

（3）播种方法

一般采用机械条播或机械穴播，或采用地膜覆盖（条穴播），播种深度需视墒情及土质而定。墒情（湿度）不足、表土干燥、土壤疏松的砂质土适于深播，可把种子播在湿土上，深度以 5.0～5.5 cm 为宜；底墒湿润、土质黏重、着雨板结土壤宜浅播，深度 3.3～3.5 cm 为宜；墒情好、疏松的砂性土壤播种深度宜为 5.5～7.0 cm。干旱地区可采取深开沟、浅覆土的办法将种子播在墒情较好的湿土上；盐碱地应浅播，发芽出苗快，利于出苗保苗，播深在 2.5～3.3 cm 较适宜。要求播行端直，下籽均匀，播后及时镇压。覆膜播种要求铺膜紧、实、严，孔穴与膜孔不错位。播种要力求播苗全、苗壮、苗齐、苗匀。

（4）查苗补种

向日葵是双子叶植物，出苗时常带壳出土，阻力大，出土费劲，若遇降雨，土壤板结，出苗更加困难。因此出苗后要及时查苗、浸种补种。

（5）合理密度

合理密植原则是高秆品种宜稀、矮秆宜密，肥地宜稀、旱薄地宜密，适宜宽行小株距。行距应根据地力而定：土地肥沃，株行距宜大，密植容易出现徒长，导致向日葵秆细、头重脚轻，易倒伏、易感染病虫害等；地力不足、土质差，宜密植。出土后早间苗，2～3片真叶定苗，每穴一株苗，油葵每亩保苗 3 000～4 000株、食葵定 2 500 株/亩左右。

4. 田间管理

（1）铲　趟

要做到早疏苗，早定苗和早铲趟，一对真叶时疏苗，两对真叶时定苗，生育期间要做到两铲三趟，要在现蕾前封垄。定苗后及时中耕。第一次中耕宜浅，深度 6～8 cm，第二次中耕 15～20 cm，以提高地温和保墒。最后一次中耕结合开沟追肥，每亩追施尿素 10～15 kg/亩，结合中耕株间人工拔草 2 次，现蕾后应停止中耕。机械中耕要深浅一致，不压苗，不埋苗，不铲苗，土壤疏松。

（2）浇好两水

向日葵虽抗旱能力很强，但若生育期缺水，可影响花盘发育，导致灌浆不足、籽粒不饱满、空壳增多、含油率下降，其中现蕾期、开花期、灌浆期是向日葵需水的关键时期。第 1 次浇水应选择在向日葵群体达到现蕾期、中午植株出现暂时性萎蔫时进行，具体灌水量应根据天气、土壤和植株生长情况而定，以顺垄沟灌为好，灌水深度应控制在达垄台 2/3 处为宜。

现蕾期

第2次浇水在花期结束后进行，以保证籽粒的饱满度，并同时叶面喷施3‰磷酸二氢钾水溶液，增加千粒重、提高含油率。

花期结束

（3）打　杈

杂交向日葵一般很少长杈，但也有个别植株现蕾开花时长出分杈，影响产量，因此必须及时打杈。

（4）放蜂及辅助授粉

向日葵是典型的异花授粉作物，在自然界中主要靠蜜蜂和其他昆虫传粉来完成授粉，因此在向日葵的花期必须放置蜂箱传粉或人工辅助授粉。人工辅助授粉方法如下：用纸板、棉花或棉手套做成粉扑，在药盘上轻拍一个花盘，然后用此粉扑在另一个花盘上轻拍授粉，一般在开花后 2～3 d 开始，每隔 3 d 进行 1 次，授粉 2～3 次为宜，具体时间选择在天气晴朗的上午 9—11 时、下午 3—5 时，这时授粉最为适宜。

5. 适时收获

10 月中下旬，花盘背面及苞叶变黄，下部叶片干枯，籽粒含水率下降，即可收获，采收时用力要轻，防止震动落粒。或者用手在向日葵的葵盘中间取一粒葵子，剥开如果满仁且稍硬即可采收（注意边缘处成熟早，中间成熟晚，要以中间的为准）。

收获期示意图

（三）病虫害防治

（1）向日葵中后期易感染的褐斑病、黑斑病

褐斑病应及时用 5％敌克松或 30％甲霜铜溶液喷洒。也可用二硝基邻苯酚，浓度为 0.2％，喷药液 300 L/亩。黑斑病以多菌灵防效最好，发病初期可用 50％多菌灵和 50％托布津 500 倍液喷洒防治！

褐斑病

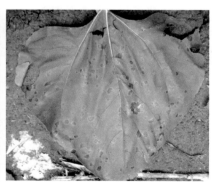

黑斑病

（2）向日葵菌核病

花腐型病害表现为花盘受害后，盘背面出现水浸状病斑，后期变褐腐烂，长出白色菌丝，在瘦果和果座之间蔓延，形成黑色菌核，花盘腐烂后脱落，瘦果不能成熟。受害较轻的花盘，结出的种子粒小，无光泽、味苦、表皮脱落，多数种子不能发芽。防治措施：结盘初期，可选用速克灵、菌核净、农利灵、纹枯利或多菌灵等药剂进行喷雾防治，重点保护花盘背面。菌核病在现蕾或盛花期用 40% 纹枯利 800 倍，1 200 倍液喷植株下部及葵盘背面，喷洒 1～2 次。

根腐型、叶腐型、花腐型病害示意图如下。

根腐型：大量根部腐烂，茎基部稍有同心轮纹，湿度大时迅速蔓延至全叶

叶腐型：病斑褐色椭圆形，溃疡呈灰棕色到黑色斑痕。天气干燥时，病斑从中间裂开穿孔或脱落

花腐型：花盘撕碎状、网状，花盘内外有黑色菌核，果实不能成熟

根腐型、叶腐型、花腐型病害示意图

（3）向日葵黄萎病和向日葵列当的预防与防治

主要采取选用抗病品种、轮作等方法为主，化学防治为辅，化学防治如下。

黄萎病的防治：①种子处理：50％多菌灵可湿性粉剂、50％甲基硫菌灵可湿性粉剂按种子量的 0.5％拌种，或 80％福美双可湿性粉剂按种子量的 0.2％拌种。②灌根：20％萎锈灵乳油 400 倍液灌根，每株用兑好的药液 500 毫升。③叶面喷施：发病初期，用 50％退菌特可湿性粉剂 500 倍液、50％多菌灵可湿性粉剂 500 倍液、70％甲基硫菌灵可湿性粉剂 800～1 000 倍液、64％杀毒矾可湿性粉剂 1 000 倍液、77％氢氧化铜可湿性粉剂 400 倍液、14％络氨铜可湿性粉剂 250 倍液、75％百菌清可湿性粉剂 800 倍液等进行叶面喷施。

向日葵列当的防治：在列当萌动前用 48％氟乐灵乳油 2 250 mL/hm² 兑水 600 kg 均匀喷洒地表，防治效果达 90％以上；在点片发生列当的地块，可先将已出土的列当锄掉，然后用 48％氟乐灵乳油 100 倍液在列当基部地表均匀喷雾，可将列当消灭在点片阶段；刘淑杰等报道列当出土前或列当出土后用 48％氟乐灵乳油 1 125～2 250 mL/hm² 兑水 600 kg 喷雾的效果较好；傅丽铭等人报道，用 48％氟乐灵乳油 50、100、150 倍液在向日葵灌浆始期喷洒列当植株及其所在地表，防效可达 80％以上。

向日葵黄萎病

向日葵列当

（4）向日葵葵斑螟、桃蛀螟

向日葵螟成虫和幼虫都可危害向日葵，成虫发生盛期在 7 月下旬至 8 月上旬。成虫夜间 8—9 时，集中在葵花地取食、产卵。8 月上旬卵孵化为幼虫，取食种子，常把花盘咬成很多隧道，并吐丝结网；遇雨时常使花盘腐烂，降低向日葵的产量和品质。

防治措施：在向日葵盛花期、幼虫未蛀入籽实前，喷施敌百虫，防效在90%以上，但对蜜蜂有害，造成空壳多，所以要慎重使用，也可选用生物药剂，如bt乳剂稀释喷施花盘。危害较重的地区，以防成虫为主，结合防治幼虫，在7月末8月初成虫盛发期用敌敌畏熏蒸或施放敌敌畏烟剂。

向日葵斑螟

向日葵桃蛀螟幼虫

九、优质绿豆高产栽培技术

刘宗涛　张智勇

（一）品种选择及特点

通辽地区种植绿豆主要集中在扎鲁特旗、开鲁县、科左中旗、南三旗（库伦旗、奈曼旗、科左后旗）部分地区。主要以坨沼、甸子地种植。主推品种有中绿2号、白绿9号、洮绿218、天山明绿2号、通绿1号、通绿8号等。亩产量100～150 kg，生育期100 d左右，种子质量应符合一级良种标准。要求绿豆籽粒饱满、纯度不低于96％、净度不低于98％、发芽率不低于85％、水分不高于13％。

（二）栽培技术要点

1. 整　　地

绿豆虽然对土壤要求不严，一般土壤均可种植。但应避免选用过碱性（pH值大于8）土壤和低洼易涝的地块。还要避免迎茬或重茬。以有灌溉条件的中性或偏酸性的沙壤土岗地最为适宜。也就是说在沙岗地或者肥力中下等较瘠薄的地块种植绿豆收益比较高。

要精细整地，保住墒情。有条件的要做到秋季翻耕，深度为15～25 cm。春季及时耙、耢、拖平、打垄。结合春季整地要施足底肥，增加有机肥的施用量（农家肥15 000 kg/hm²）。有条件的应增施磷钾肥和根瘤菌。

2. 播　　种

绿豆生育期较短，播种时期较长。生育期一般都在90～115 d

之间。应根据品种和地力条件选择适宜的播期。生育期较短的品种和肥力较差的地块，应适当晚播；生育期稍长的品种和肥力条件较好的地块，应适当早播。在通辽地区绿豆的播种时期为5月上旬至6月上旬，一般以5月中下旬最为适宜。

绿豆可采用垄上开沟条播或点播的方式播种。播种量为1.5 kg/亩，覆土深度一般为4～5 cm，并根据土壤墒情适时镇压保墒。

3. 接种根瘤

绿豆接种根瘤菌的方法主要有3种：①在绿豆地中选择生长旺盛的植株将其根系挖出，放于阴凉处，风干后供第一年绿豆时接种用。一般的接种用量为每亩20～25株的根瘤。接种时将根瘤捣碎，用温水调匀，均匀拌种在种子上即可。②每亩用根瘤菌剂30～70 g，用清水调匀后，均匀拌种。③在种植

苗期

绿豆的上一年地块中，取一些表土，整地时与农家肥拌匀后施入地中，每亩用量约为100 kg。

4. 田间管理

（1）合理密植

早熟品种，低水肥条件宜密植，利用主茎结荚部位，充分发挥群体优势；晚熟品种，高水肥条件宜稀植，充分利用分枝结荚，扩大结荚面积，发挥个体优势。一般早熟品种，低水肥地块的适宜密度为每亩1.0万～1.5万株，每米间保苗10～15株；中熟品种，中等水肥条件的适宜密度为每亩1.2万～1.5万株，每米间保苗8～10株；晚熟品种，高水肥条件的适宜密度每亩应为8 000～10 000株，每米间保苗7～8株。

出苗后要及时间苗、定苗。初生叶展时间苗，第一对复叶展

开时定苗。

（2）适时铲趟、追肥

当前绿豆生产上投入少、管理粗放，产量水平较低，所以应加强田间管理。生育期间，一般在开花结荚前要进行中耕除草3次。要本着"浅—深—浅"的原则，进行三铲三耥。绿豆追肥最好是在开花期结合封垄一起进行。

（3）及时灌溉

绿豆抗旱性较强，特别是苗期需水较少，田间管理上应该以蹲苗为主。但是在开花结荚期需水相对较多，若遇到干旱，即土壤田间持水量达到50％以下时，要及时灌水，以防落花、落荚，降低产量。

（4）适期收获

荚果成熟期

当绿豆荚果成熟变黑时，有条件的可分期采收，如是易爆荚品种必须分批采收，也可待80％荚果变黑时一次收获。

（三）病、虫、草害防治技术

1. 病害防治

（1）病毒病

病毒病

症状：该病发生非常普遍，在田间表现为花叶斑驳、皱缩花叶等。发病轻时，幼苗期出现花叶和斑驳症状的植株。发病重时，幼苗出现皱缩小叶丛生的花叶植株，叶片畸形、皱缩、叶肉隆起，形成疱斑，有明显的黄绿相间皱缩花叶。

发病条件：播种带病毒种子，引起直接发病；绿豆田间蚜虫数量多，发病重；风雨交加的天气，造成株间摩擦，加重传染。

防治方法：选用无病毒或耐病毒品种；及时用40％氧化乐果1 000倍液，喷雾防治蚜虫；发病初期选用20％病毒A或20％病毒毙500倍液喷雾防治，间隔7～10 d喷一次，一般喷2～3次。

（2）叶斑病

叶斑病危害绿豆的茎、叶、花梗，是绿豆上的主要病害，一

般可减产10％～30％，严重时达50％以上，品质严重下降。叶斑病的病原菌在土壤和植株上越冬，第二年病菌在植株上繁殖，靠风和雨在田间和田内传播，也可以通过种子进行远距离传播。

叶斑病

症状：绿豆叶斑病可以分为真菌性和细菌性两种类型，通常以真菌性叶斑病较为普遍。绿豆发病时，最初在叶片上出现水渍状小斑点，以后扩大为圆形或不规则的褐色枯斑，后期成为大的坏死斑，造成干枯或落叶。

发病时期和条件：叶斑病的发病轻重与温度和湿度关系密切。在相对湿度85％～90％的条件下，温度25～28 ℃时，病原菌分生孢子萌发最快，温度达到32 ℃时，菌丝体生长最旺盛，病情发展最快。在东北一般是7月上旬和中旬绿豆花期、雨后高温时发病较重。

防治方法：选用抗病品种，合理密植，保证田间通风良好；加强田间管理，注意大雨后排涝或散墒；轮作换茬；加强田间管理，增施含钾的化肥和有机肥料，可增强绿豆抗叶斑病的能力，

减轻危害程度。在发病初期喷施波尔多液或其他药剂防治。

（3）根腐病

症状：发病初期心叶变黄，可见茎下部及主根上部呈黑褐色、有稍凹陷的不规则斑点；并且须根很少。剖开病茎查看，维管束变为暗褐色。当根大部分腐烂时，植株便枯萎死亡。

根腐病

发病条件：在绿豆苗期低温多雨的条件下，以及重、迎茬地块发病严重。高湿，利于病菌生长繁殖，而低温则降低了绿豆苗抗侵染能力。重、迎茬地块中病菌数量多于轮作地块。

防治方法：选择抗病品种；与非豆科作物实行 3 年以上轮作；及时中耕，雨后排水，提高地温；使用种衣剂是简便有效的防控方法；发病初期选用 75％百菌清 600 倍液，或 15％腐烂灵 600 倍液，70％甲基托布津 1 000 倍液灌根，隔 7～10 d 灌一次，连灌 2～3次，也能起到减轻或抑制病害发生的作用。

2. 主要虫害防治

（1）蛴 螬

幼虫直接咬断植株的根、茎、叶，使幼苗死亡，造成缺苗断垄，导致减产。蛴螬的发生与温、湿度有关，它的生长适宜温度为10～18 ℃，过高或过低的温度都会使它停止生长。

防治方法：一是要药剂拌种，在播种前用 40％乐果乳剂

蛴螬

或 50％辛硫磷按药、水、种子1：40：500 的比例拌种，并堆闷 3～4 h，待种子吸干药液后播种。二是撒药，每亩用 0.25 kg 的 50％辛硫磷加细沙土 25 kg 混合拌成毒土沟施或穴施。也可用马铃薯或甘薯切成米粒大小，用同等药量混拌，做成毒饵，沟施或穴施。

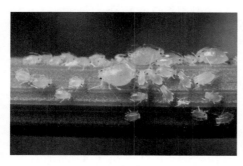

蚜虫

（2）蚜　虫

蚜虫主要危害绿豆的嫩叶、幼芽、心叶等处，受害叶片卷缩、植株矮小。蚜虫的发生与温、湿度密切相关。当温度高于 25 ℃，相对湿度 60％～80％时发生严重。连阴雨天或高温天气，不利于蚜虫繁殖。

防治方法：用 40％乐果乳剂 1 000～1 500 倍液喷洒防治或 20％杀灭菊脂乳油 30～60 mL，兑水 60～75 kg 喷洒防治。

3. 杂草防治

一般在播种前和在不同生长期间都有相应的除草剂。播种前常用的除草剂有氟乐灵、都尔等；播后苗前用金都尔封闭；出苗以后，使用除草剂更要掌握好时期，要选择杂草 70％萌发以后，到 5 叶期之前进行喷施效果比较好。常用的有银孔雀杂豆欢（复配剂，对杀阔叶和针叶都有效）；还有精喹禾灵系列（杀针叶杂草）和苯达松（杀阔叶杂草）也比较有效。

十、优质色素万寿菊高产栽培技术

张春华　呼瑞梅

（一）品种选择及特点

色素万寿菊杂交种通菊一号：2010 年通过内蒙古农作物品种审定委员会认定（蒙认花 2010001 号），是提取天然叶黄素的专用品种。

该品种具有株型整齐、粗壮、生长势强、分枝能力强、花期长、产量高、抗病性强等特点，在通辽地区种植，平均亩产 4 000 kg 左右，最高亩产达到 5 000 kg。该品种耐旱、稍耐早霜。对土壤要求不严，但以肥沃、土层深厚、富含腐殖质、排水良好的沙质土为宜。不宜在盐碱地、低洼涝地栽植。

通菊一号品种稍耐重茬，但最好采用 2～3 年轮作，预防病害发生。

（二）栽培技术要点

色素万寿菊栽培技术分两部分：一是育苗技术，二是大田移栽技术。

1. 育苗技术要点

（1）整地作畦，床土消毒

把土地作成畦子状，翻地前将土壤杀菌剂或 75％百菌清 600 倍液，均匀地喷在畦面上，再施适量腐熟好的土粪（忌用鸡粪，烧苗），深翻，然后用耙子超平浇透水。

（2）种子消毒

用 50％多菌灵 800 倍液浸种 15 min，捞出用温水浸泡 6～

8 h，再取出用清水滤一遍，控净水即可播种。

（3）播种施肥与间苗

播期 3 月 25 日至 4 月 5 日，每平方米施农家肥 5 kg、二铵或复合肥 0.1 kg，施肥后搅拌均匀。育苗后期叶面喷施磷酸二氢钾、金叶丰等叶面肥。每 10 m² 苗床用种约 20 g，播种后覆盖 1 cm 厚的细沙土，喷水，撒上毒谷，再盖一层地膜（出苗后马上揭膜），增温保湿。出苗后，苗密度大时要适当疏苗，每平方米留苗 350株左右。

（4）播种后温、湿度管理

前期主要保温，播种后为促进出苗，白天棚内保持 30 ℃，夜间 15～20 ℃，5～7 d 即可出苗，要做到苗早、苗全、苗壮。出苗后为防止徒长，保证秧苗健壮，当幼苗真叶达 2 片时，白天棚内温度可降到 25 ℃左右，夜间 15 ℃左右。揭膜后子苗期用喷壶喷水，后期可小水漫灌，遇旱浇水，保持苗床间干间湿。如遇低温寒流天气，夜间必须防寒。

（5）放风练苗，定植前准备

调节温、湿度，通风时四周加围子，温度高时大通风，反之小通风，头一天浇水后，第二天一定放风。大田定植前 10 d 练苗，逐渐加大通风量，使棚内外温度接近，并逐渐撤掉棚膜。定植前一周内控制浇水，起苗头一天浇一遍水，喷一次杀菌剂，以免幼苗带菌，注意起苗时不要伤根。

2. 大田栽培技术要点

（1）地块选择

选择地势平坦，土质肥沃的水浇地。盐碱地、低洼涝地不宜栽植。

（2）定　植

栽苗时间为 5 月 10 日前后，一般亩保苗 2 500～2 800 株左右，视土壤肥力而定，肥地宜稀，薄地宜密。底肥：亩施腐熟好的农家肥 3 000 kg 或鸡粪肥 50 kg、磷酸二铵或三元素复合肥 15

kg 一起施入，条施和穴施均可。4 m 畦田种 6 垄，在畦子中间留 90 cm 步道，两边各种 3 垄，平均垄距 50 cm，株距 40 cm（或采用覆膜、菊麦套种均可），栽苗时要求地上齐，大小苗分开栽。栽苗时避开中午，前面移栽后面马上浇水，相隔时间不要超过 1 h。

（3）栽植后管理

可视苗情及时补苗、浇水、扶苗，多次中耕锄草、培土，在开花期间，为了提高产量，要多次浇水。追肥以三元素复合肥或磷、钾肥为好，每亩 10～15 kg 加尿素 5～8 kg，在铲地时一次施入，施肥后要及时浇水。有条件的可在开花中期二次追肥。在采花期间可 15 d 左右喷一次叶面肥，直到采花结束。叶面肥以磷酸二氢钾等磷、钾肥为主。

（4）适时采收

当花瓣全部展开形成花球或花朵开放达 80％时即可采摘，采花时要求一茬一茬采收，只要开放的差不多都可以采收，不要压茬，前期每 5 d 采一次，后期每 7～8 d 采一次。一般在 7 月初开始采收，至霜冻结束，整个采摘期采花次数至少 12 次。

（三）病虫害综合防治

1. 蝼 蛄

别名，拉拉蛄，是色素万寿菊苗期的主要害虫。危害特点：成虫、若虫均在土中活动，取食播下的种子、幼芽或将幼苗咬断致死，受害的根部呈乱麻状。由于蝼蛄的活动将表土层窜成许多隧道，使苗根脱离土壤，致使幼苗失水而枯死，严重时造成缺苗断垄。

蝼蛄

防治方法：①播种时施用毒饵，一般把玉米面等饵料炒香，每亩用饵料 4～5 kg，加入地虫虎 70～100 mL 兑水 0.5 kg 拌匀成毒饵，于傍晚撒于苗床地面，保持地面湿润，效果较好。②生长期为害，可用 50％辛硫磷 800 倍液或 20％甲基异柳磷乳油 2 000 倍液浇灌。

2. 非洲潜叶蝇

非洲潜叶蝇是近年来发生的比较严重的害虫，对色素万寿菊苗期侵害非常大，受害后，叶片上的虫道弯曲、灰白色，蛇形状。有粗有细，细的是小龄幼虫串食形成，随虫龄增长，虫道渐宽。最宽的虫道末端，常有老熟幼虫或蛹。成虫白天活动，产卵于叶缘叶组织内，产卵或取食汁液后，在叶上留下许多白色小点。

防治方法：发现细小虫道、叶片受害率达 10％～20％时，要及时喷施 1.8％阿维菌素乳油 4 000 倍液或 25％斑潜净乳油 1 500 倍液；40％乐果乳油 1 000 倍液或 75％灭蝇胺 3 000～4 000 倍液喷雾，连续喷药 2～3 次，每次间隔 7 d。

3. 红蜘蛛

红蜘蛛以成虫或其他虫态在土缝及植株残留物上越冬。高温、高湿是红蜘蛛发育和繁殖的最适条件。在干旱年份发生十分严重，

红蜘蛛

主要吸食叶片、嫩梢、花蕾的汁液，尤以下部老叶为害最重。受害初期叶片呈淡绿色，后出现灰白色斑点，严重时叶片呈灰白色而失去光泽，叶背布满灰尘状蜕皮壳并结网，引起落叶，造成植株生长缓慢，甚至枯死。

防治方法：①利用食螨瓢

虫、草蛉等天敌防治红蜘蛛。②红蜘蛛在干旱年份发生猖獗，因此干旱时及时灌水，可以减轻红蜘蛛为害。③红蜘蛛为害期为8—9月，当被害植株达到15%以上时，要及时喷药防治，可选用20%的哒螨啉3 000～4 000倍液或20%螨克乳油1 000～1 500倍液喷雾，或用1.8%的阿维菌素乳油3 000倍液、或用40%的氧化乐果1 000～1 500倍液及50%辛硫磷乳油2 000倍液的混合液喷雾，防治效果更佳。喷药时要均匀，一定要喷到叶背面，隔7 d后再喷一次即可，并对田边的杂草等寄主植物也要喷药，防止其扩散。

4. 立枯病

立枯病属真菌性病害，主要发生在育苗期，在幼苗茎基部产生椭圆形褐色小斑点，病斑逐渐凹陷、扩大，绕茎一周后，使茎基部收缩变细，幼苗干枯死亡。

防治方法：出苗后，结合浇水喷施4%禾甲安1 000倍液，或用50%多菌灵或50%代森锰锌1 000倍液或甲基立枯磷喷洒，7～10 d喷一次，连喷2～3次。

5. 猝倒病

俗称倒苗、塌皮烂，由真菌感染所致的幼苗期病害，借灌溉水或雨水溅射传播。主要危害幼苗的茎或茎基部，初期为水渍状病斑，后病斑组织腐烂或缢缩，幼苗猝倒。

防治方法：发现病情立即喷洒70%甲基托布津1 000倍液或75%百菌清600倍液、72%克露可湿性粉剂800～1 000倍液、65%杀毒矾400～500倍液、多菌灵、代森锰锌等药剂防治，也可在色素万寿菊一对真叶期用70%黑胫清600倍液喷淋苗床1次防治猝倒病、立枯病等真菌性病害。

6. 真菌性叶斑病

病菌在植株残体上越冬，借风雨、灌溉传播。从7月中、下旬进入发病期，发病时叶片上出现退绿黄斑，并产生椭圆形或不规则形、烟灰色或黑色斑点，内灰褐色，边缘黑褐色，后期出现黑色粒状物。

防治方法：清除病株残体，用54％的多菌清1号可湿性粉剂或54％扑菌特防治，也可用50％苯来特1 000倍液或50％多菌灵800倍液喷雾防治，连续喷施3次，每次间隔5～7 d。

7. 根腐病

主要是真菌病害，该病常与地下线虫、根螨的危害有关。在

根腐病

夏季高温多雨季节易发生，主要危害根部。初期植株地上部分突然从叶尖开始萎蔫、青枯，病根稍肿大，主侧根分叉处有灰褐色病斑，根茎木质部呈黑褐色，发病严重时，蕾、花脱落，植株枯死。若天气潮湿多雨，常变为湿腐，根迅速腐烂，直至无法从土中拔起，湿腐烂的并不发生恶臭。

防治方法：一般用农用链霉素或50％代森锰锌1 000倍液、20％甲基立枯磷1 000倍液、50％退菌特1 000倍液、多菌灵、杀毒矾等药剂防治。

十一、优质红干椒高产栽培技术

张立东　叶英杰　曹　霞　黄前晶

（一）品种选择及特点

通辽地区种植红干椒品种，应具有较强的丰产性和抗性，主要集中在开鲁、奈曼、科区等地区，具有鲜椒、干椒二类品种。主要种植鲜椒品种金塔系列（如金品红、满地红、北兴五号），亩产量 2 000 kg /亩以上。干椒产量 300 kg/亩以上，如益都椒系列产品（如鲁红 6 号、飞达二号、益都红）品种。在抗病性上应具有抗疫病、细菌性叶斑病、炭疽病等病害的特性，还应具有抗倒伏、色价高等品种特性。

（二）主要栽培技术要点

1. 育苗技术

（1）场所消毒

采用熏蒸和喷雾方法对育苗大棚或温室的空间和地面进行消毒。

熏蒸法：用 40％的甲醛 5 g/m² ＋高锰酸钾 5 g/m² 混合后产生的气体密闭进行熏蒸温室，密封 1～2 d。

喷雾法：选用广谱性杀菌剂和杀虫剂混合溶液（现配现用）全面喷施育苗场地，喷雾时应注意对墙角、死角和周围环境进行喷施。

（2）营养土配制

用近 3～5 年内未种过茄科蔬菜的园土与优质腐熟有机肥混

合，有机肥比例 30%～40%，另加粉碎的磷酸二铵和硫酸钾各 0.5～1 kg/m³。营养土消毒用 40%的甲醛 150～250 mL，加水 15 kg喷洒营养土混拌均匀，用薄膜密封苗床 5 d，揭膜后摊开晾晒 15 d 后使用。

（3）整地做床

苗床采用 1m 宽平畦，铺 8～10 cm 营养土。

（4）种子处理

浸种消毒：用 10%磷酸三钠溶液浸种 20 min，或 40%的甲醛 300 倍液浸种 30 min，或 0.1%高锰酸钾溶液浸种 20 min，捞出冲洗干净后催芽。或把种子放入清水浸泡 10 min，捞出再放入 55 ℃ 温水恒温浸泡 15 min，并不断搅动，然后转入室温浸泡 12～15 h。

催芽浸泡好的种子用纱布或湿毛巾包好置于 28～30 ℃的条件下催芽，每天翻动、淘洗 2～3 次。3～4 d 后，当有 60%种子露白时播种。若不能按时播种，可将种子保湿并放在 2～5 ℃低温下蹲芽待播。

（5）播　种

播期：大棚一般在 3 月 20 日—4 月 1 日，温室一般在 2 月 25 日—3 月 5 日。

播种方式：采用撒播或点播方式播种，播前耙平畦面，浇透水后，撒 0.5 cm 厚的药土，将种子均匀的播入，然后再覆盖1 cm 厚的药土，覆盖地膜或扣小棚保温保湿。

播后管理：出苗前白天 25～30 ℃，夜间不低于 18 ℃；出苗后白天 25～30 ℃，夜间不低于 15 ℃。白天温度超过 35 ℃时，采用通风或遮阳措施适当降温。

（6）分　苗

秧苗长到三叶期进行分苗，将营养土平铺在分苗床上，营养土厚度 10 cm，于晴天上午，用苗铲起苗，按照 8 cm×8 cm 的株行距分苗。

（7）分苗后管理

分苗后及时浇透缓苗水，缓苗后出现干旱，少量补水；空气湿度尽可能控制在 60%～80%；白天温度 25～30 ℃，夜间温度 15～18 ℃，遇霜冻天气夜间用地膜直接盖苗保温；人工清除杂草。

定植前，采取加大放风量、降低温度、减少水分等措施炼苗 7 d 以上，秧苗壮苗株高 18～20 cm，茎粗 0.3～0.4 cm，真叶 6～8 片，茎秆粗壮，子叶完整，叶色浓绿，无机械损伤，无病虫。

2. 田间管理技术

（1）轮作制度

与非茄科作物实行 3～4 年轮作。

（2）整地施基肥

定植田深翻 25 cm 左右，做 3.6m 宽平畦，每亩沟施腐熟有机肥约 5 000 kg、氮（N）6 kg、磷（P_2O_5）5 kg、钾（K_2O）6 kg、钙（Ca）2.0～5.0 kg，根据肥料有效养分含量计算施用量。

（3）定　植

定植时间：一般在 5 月 15—5 月 25 日。可根据当年实际情况适时调整，应考虑避开春季风沙天气对秧苗的损害。

定植密度：肥力高的土壤 4 500 株/亩左右，肥力中等土壤 5 000 株/亩左右。膜上小行距 40 cm，膜间大行距 80 cm，株距 26 cm～30 cm。

定植方法：膜上扎穴，植入秧苗，栽植深度以不埋没子叶为准，用土壤将栽植穴封严、封实。定植时以阴天或晴天下午为宜。定植后立即浇水，促进缓苗。

（4）田间管理

水肥管理：定植后滴足定植水；5～7 d 后滴缓苗水；蹲苗结束后（门椒纽扣大小）滴一次大水，随水施尿素 10 kg/亩左右；以后每隔 5～7 d 滴一次水，一次清水一次肥水交替进行，肥水每次施尿素 5 kg/亩，盛果期增施硫酸钾 15～20 kg/亩；每隔 10～15 d，叶面喷施 0.1％～0.2％的磷酸二氢钾。结果后期，每隔 10 d 左右滴一次水。

中耕除草：缓苗后，及时浅耕一次。植株开始生长，深耕一次。植株封行以前，再浅耕一次。结合中耕进行除草、培土。

植株调整：及时去除主茎第一分枝以下的侧枝，生产过程中及时摘除病叶、病果。整枝应选择晴天进行，利于加速伤口愈合，防止感染。

（5）采　收

干椒采收时间：早霜前及时采收。

采收方法：连根拔起植株，撮放 7 d，促进后熟捂红。对根码垛摆放，垛顶覆盖秸秆遮阴，自然降水后人工或机械摘椒。

鲜椒采摘时间：一般 8 月 25 日左右，辣椒色泽紫红时开始采摘。

采摘方法：采摘从下部开始，分级分批采摘。

（三）病虫害综合防治技术

1. 农业防治

创造适宜的生长环境，育苗期间控制好室内温度和空气湿度，通过放风、遮阳和辅助加温、降温降湿等，调节不同育苗时期的适宜温度，避免低温和高温障害，并适时适量浇水，以保持温室内较低的湿度，可预防苗期猝倒病、立枯病等苗期病害的发生。

2. 物理防治

育苗设施的放风口、进出口用 50 目以上的防虫网封闭，阻止虫源。在苗床上方 50 cm 处悬挂黄板（25 cm×40 cm），诱杀白粉虱、蚜虫、潜叶蝇等害虫。每亩悬挂 20～30 块。

3. 化学防治

（1）猝倒病、立枯病

猝倒病　　　　　　　　　　　　　　　立枯病

猝倒病用58％甲霜灵锰锌或72.2％的霜霉威防治。立枯病、根腐病和茎基腐病用70％的甲基硫菌灵，或50％多菌灵防治。

（2）蚜虫、白粉虱、潜叶蝇

用1.2％苦烟碱800～1 000倍液，或用2.5％多杀霉素1 000～1 500倍液，或用3％啶虫脒1 500～2 000倍液，或10％吡虫啉3 000倍液，或1.8％阿维菌素乳油1 500～2 000倍液药剂防治。

（3）红蜘蛛

用10％浏阳霉素1 500～2 000倍液，或40％炔螨特乳油2 000～2 500倍液喷雾防治。

十二、优质马铃薯高产
栽培技术推广

张立东 叶英杰 曹 霞 黄前晶

（一）品种选择及特点

通辽地区品种应选择高产、抗旱、抗病毒病、疫病和主要细菌性病害的早熟、中晚熟品种。主要推广的早熟品种费乌瑞它、早大白、荷兰七等品种，中晚熟品种克新一号、大西洋、大白花等品种，产量指标在 2 000 kg 以上，适合于种植黑白五花土、沙壤土等区域，脱毒种薯是马铃薯生产发展的主要趋势。

（二）高产栽培技术要点

1. 栽培季节与方式

确定马铃薯栽培季节的总原则是把结薯期安排在温度最适宜的范围，即土壤温度 16～18 ℃，气温白天 24～28 ℃，夜间 16～18 ℃。本地区马铃薯 4 月中下旬至 5 月上旬播种，8 月下旬至 10 月上旬收获。

马铃薯喜轮作，与茄科作物有共同病害，忌轮换作，适宜与葱蒜类、胡萝卜、黄瓜等非茄科作物轮作。马铃薯秧株矮小，早熟，喜冷凉，也可以与高杆、生长期长的喜温作物如玉米、瓜类、果树等进行间套作。

2. 整地施基肥

播种前进行土地耕翻耙耱，并结合施入基肥，基肥要求富含有机质，如充分腐熟的羊粪、马粪、牛粪等，亩用量1 000～2 000 kg。还应该施用无机肥作为种肥，如沟施过磷酸钙、复合肥等，每亩施用量 20～30 kg。

3. 种薯处理

（1）破除休眠

一般种薯冬季储存 3～4 个月，可正常度过休眠期。若存储时间较短，播前可将种薯放置在黑暗和温度 15～20 ℃条件下，10～20 d 进行暖种即可破除休眠，期间注意保湿。

（2）切 薯

切块时间在播种前 2～3 d 进行。

种薯大小与切块方法：重 25 g 以下的种薯可整薯播种。重 25～50 g 的种薯，纵向一切两瓣。重 50～75 g 的种薯，采用纵斜切法，把种薯切成四瓣。重 75 g 以上的种薯，从尾部根据芽眼多少，依芽眼沿纵斜方向将种薯斜切成立体三角形的若干小块，每个薯块要有 2 个以上健全的芽眼。

（3）药剂拌种

用 2 kg70％的甲基托布津加 1 kg72％的农用链霉素均匀拌入 50 kg 滑石粉混合成粉剂，种薯切块后，每 50 kg 薯块用 2 kg 混合粉剂拌匀。要求切块后 30 min 内进行拌种处理。

4. 栽 植

播种前检查土壤墒情，若干旱墒情不足时，应在播前 5～10 d 造墒或者人工挖穴种植。播种时用犁开 5～10 cm 深沟，沟内施无机肥与土壤拌匀后逐沟播种。播种时合理密植可增加产量，早熟品种 70 cm × 15 cm，6 000 穴/亩，中晚熟品种 70 cm × 20 cm，4 500 穴/亩。播后顺行和横向各耢一遍，使土地达到平整，浇透水，防风保墒。

5. 田间管理

（1）适时浇水、中耕

播后 10～15 d 应检查土壤墒情，如墒情不足，可以补水，补水后要中耕。出苗后浇水中耕要及时，保持土壤疏松湿润。结薯盛期，要保持土壤湿润，不需要多浇水，以免土壤板结，影响块茎膨大。

马铃薯生长期间，要分期中耕培土，一般进行 3 次。齐苗后 10 d，结合除草进行第一次浅锄促进幼苗早发；当植株长到 30 cm 高时进行第二次中耕，培土 3～6 cm；现蕾后进行第 3 次中耕，培土 6～10 cm。通过 3 次中耕变沟为垄。

（2）合理施肥

出苗后，要及早用少量氮素化肥追施芽苗肥，以促进幼苗迅速生长。现蕾期结合培土追施一次钾肥，配合氮肥，施肥量视植株长势长相而定。开花以后，一般不再施肥。若后期表现脱肥早衰现象，可用磷钾肥或结合微量元素进行叶面喷施。

（三）适时收获

当田间植株下部约 2/3 叶片变黄，马铃薯进入成熟期，要及时收获。如收获不及时，遇阴雨天易造成田间烂薯，还会因雨水造成晚疫病由地上部向薯块传播，造成收获后烂薯。

马铃薯收获后要放在通风干燥的地方 5～7 d，以使薯块表皮干爽，便于贮藏、运输和销售，减少烂薯。

（四）病虫害防治综合技术

1. 病害防法

（1）晚疫病

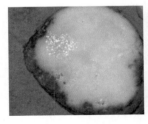 

马铃薯晚疫病-1 马铃薯晚疫病-2

症状表现：叶片染病，多从中下部叶开始，先在叶尖或边缘出现水渍状绿褐色小斑点，周围具有较宽的灰绿色晕环，湿度大时病斑迅速扩展成黄褐至暗褐色大斑，边缘灰绿色，界限不明显，常在病变交界处产生一圈稀疏白霉。茎秆和叶柄染病，多形成不规则褐色条斑，严重时致叶片萎重卷曲，终致全株黑腐。薯块染病，初生浅褐色斑，以后变成不规则褐色至紫褐色病斑，稍凹陷，边缘不明显，病部皮下薯肉呈浅褐色至暗褐色，终致薯块腐烂。

防治措施：①选用无病种薯。②选择土质疏松、排水良好的地块种植；避免偏施氮肥和雨后田间积水；发现中心病株，及时清除。③药剂防治。发病初期选用72％克露粉剂600～800倍液，或40％疫霉灵粉剂250倍液喷雾。

（2）病毒病

病毒病-1 　　　　　　　　病毒病-2

症状表现：此病在田间常表现花叶、坏死、卷叶3种症状类型。花叶型即叶片颜色不均，呈现浓淡相间花叶或斑驳。坏死型即在叶、叶脉、叶柄和枝条、茎蔓上出现褐色坏死斑点，后期转变成坏死条斑。卷叶型即叶片沿主脉由边缘向内翻卷，继而叶片变硬、变脆，严重时叶片卷曲呈筒状。

防治措施：①选用抗耐病优良品种。②栽培防病：施足有机底肥，增施钾、磷肥，实施高垄或高埝栽培。③出苗后施药：喷洒1.5％植病灵乳剂1 000倍液，或20％病毒A可湿性粉500倍液。④叶面喷雾防治蚜虫：灭蚜威稀释500～1 000倍液喷施于蚜虫发生高峰期之前，隔 10 d 喷药一次，至收获。

（3）环腐病

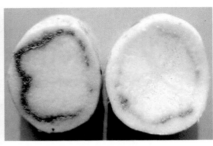

环腐病-1　　　　　　　　　　　　环腐病-2

症状表现：生育中后期，叶片及茎出现萎蔫。下部叶片边缘稍有向上卷曲、褪绿、叶脉之间有淡黄色区。块茎和茎部横切面的维管束呈褐色环状腐烂，用手压挤，常排出乳白色无味的菌浓。

防治措施：①实行无病田留种，采用整薯播种。②严格选种。播种前进行室内晾种和削层检查、彻底淘汰病薯，切块种植。③生长期管理。结合中耕培土，及时拔出病株带出田外集中处理。使用过磷酸钙每亩 25 kg，穴施或按重量的 5% 播种，有较好的防治效果。

2. 虫害防治

（1）金针虫

危害特点：金针虫在土中取食播下的种子，萌发的幼芽、幼苗的根部，致使作物枯萎死亡，造成缺苗断垄，甚至全田毁种。

防治措施：①翻地前在地表喷施 90% 敌百虫粉剂 1 000 倍或 50% 辛硫磷乳剂 1 500 倍液。②春马铃薯种植时，应在入冬前深翻土壤 20~25 cm，待第二年春土壤解冻后再深耕耙榜播种，防治效果良好。

（2）二十八星瓢虫

危害特点：被害部位只剩叶脉，形成透明网状细纹。严重时，全田焦枯，植株干枯死亡。

二十八星瓢虫

防治措施：①人工捕捉成虫，摘除卵块。②在成虫刚出现时喷施敌敌畏800～1 000倍液，或者聚酯类药物，2～3次，每隔5～7 d喷一次，效果显著。

十三、日光温室茄子高产栽培技术

黄前晶　张立东　叶英杰　曹　霞

（一）品种选择及特点

通辽地区主要品种有绿长茄、紫长茄、绿圆茄、紫圆茄品种（京茄 1 号、2 号，辽茄 2 号，绿茄 1 号、2 号），亩产 3 500 kg 以上，适于温室和露地种植，主要分布在科区、开鲁、左中、奈曼地区种植，远销京津地区，市场前景广阔。

（二）主要栽培技术

1. 嫁接前准备

（1）床土消毒

将大田土或树林土、沙土与腐熟好的有机肥按 5∶1∶5 体积配比床土，用 50% 多菌灵可湿性粉剂 20 g 和 50% 辛硫磷乳油 150 mL 兑水 20 kg 喷洒苗床，拌匀封堆后 2～3 d 即可建苗床装营养钵。

（2）扣小拱棚及嫁接用具

搭塑料棚：高 60～80 cm，宽 1～1.2 m，长可根据实际情况而定。

嫁接工具：锋利的刀片和嫁接夹，备好遮阴覆盖物如草帘、遮阳网等。

（3）嫁接材料选择

砧木选择：选择对黄萎病高抗的野生茄子品种"托鲁巴姆"做砧木。

接穗选择：选择既耐高温又耐低温弱光的优良茄子品种（如：北京五叶茄、京圆一号、农友长茄、鄂茄1号等）做接穗。

（4）适期育苗

嫁接栽培采用错期播种，先播砧木，后播接穗，二者错期15～20 d。秋延后茄子嫁接育苗：一般可在7月上中旬育砧木苗，先进行催芽，约18 d砧木芽出齐后，播种覆土盖膜，株行距5～6 cm，当砧木苗出现2片真叶时，分苗到营养钵。一般可在7月下旬至8月上旬育接穗苗。

2. 嫁 接

（1）嫁接适期及方法

嫁接适期要求接穗、砧木幼苗健壮，砧木苗6～8片叶、茎高20～25 cm、茎粗0.4～0.5 cm，接穗6～7片叶、茎粗0.3～0.4 cm。以劈切接为好，砧木从第二片真叶以上0.2 cm处横向切断，纵切口离第二片真叶叶柄基部0.1～0.2 cm，并平行于第二片真叶叶脉向下切，深1 cm。接穗留3～4片真叶，下端切成0.8～1 cm的刀背楔形插入砧木切口，保证接穗与砧木相应的形成层对准，对准后用夹子夹上即可。

（2）嫁接后管理

温湿度管理：嫁接后用遮阳网遮光保湿，一周后可逐渐通风透光。白天小拱棚内温度保持25～28 ℃，夜间20～22 ℃，即小拱棚内膜面均匀地布满水珠。小拱棚打开通风以后，可在上午10时左右用清水喷雾小拱棚内膜面。在遮阳的情况下，如接穗仍出现萎蔫，可对内膜面和接穗叶面都进行喷雾。第7天时，小水漫灌嫁接苗床，水能渗透营养钵为止，浇水后延迟关闭小拱棚。嫁接后第10天拆掉小拱棚，中午用遮阳网遮阳，降低温度，昼温控制在22～26 ℃，夜温12～15 ℃。12 d以后，选晴天除去嫁接苗砧木上新萌发的侧枝和接穗上黄叶、病叶，按大小苗分开摆放，摆放时营养钵之间距离3～4 cm，以促进嫁接苗通风透光。

水肥管理：苗床摆满后，大水漫灌苗床，水漫到营养钵高度的1/2为止。以后浇水采用上喷下灌的方法，营养钵表土发白或有裂纹时进行浇水，直到定植前10 d。

（3）移　栽

嫁接后30 d左右即可移栽，移栽时嫁接口的位置要高于地面。

3. 整地、施肥、铺滴灌管、覆膜

首先要深翻整地，施足底肥。每亩施腐熟好有机肥5 000～6 000 kg、复合肥80 kg，整平耙细。平整好后南北走向采用大垄双行开沟起垄，垄高35 cm，垄宽60 cm，垄距1.2 m，然后铺滴灌管、覆膜，膜宽1 m。

4. 合理密植

当苗龄45 d左右、5片真叶时开始移栽。先用打孔器按株行距在膜上打好孔，孔深10 cm。然后放苗、覆土、浇水，浇水不能过多，沟内不能积水。采用狗错牙或三角定植，株距50 cm，行距40 cm，密度为2200株/亩左右。

5. 移栽后管理

（1）吊蔓与整枝

茄子属于无限分枝类型，在靠门茄下方只留1个健壮的枝，门茄上方留2个健壮的枝，多余的枝要及时摘除，枝的长度不能超过5 cm，植株生长到40 cm左右时及时吊蔓。吊蔓时先在茄子上方拉1道铁丝，将塑料绑绳或麻绳拴于植株侧枝基部但不要过紧，另一端拴在铁丝上，以后把蔓随时绕在绳上，侧枝基部绕的部位不能过紧，以免生长期绳子勒断茄茎。一般一株茄秧要用2～3条吊绳即可。

（2）水肥管理

定植时浇透底水，定植 4～5 d 后要浇一次透水。进入开花结果期后，要加大昼夜温差，保持白天适温，夜间温度降低到 15～18 ℃，视土壤墒情浇水。在缓苗后间隔 15 d 喷一次磷酸二氢钾。在第 1 次采收后结合浇水开始追肥，每亩追施复合肥 15 kg。当门茄生长到鸡蛋大小时开始浇水。白天达到 28 ℃时开始小放风以排湿为主，随着气温上升逐渐加大放风口，当棚内气温开始下降时立即关闭放风口。门茄瞪眼时，每亩追施尿素 10～15 kg 或磷酸二铵 10 kg，每隔 20 d 追一次，结果盛期用冲施肥 20 kg/亩，每隔 15 d 冲追一次。

（3）授　粉

每 2～3 d，在中午授粉 1 次，但不要重复授粉，方法：2 mL 2,4-D 兑水 1.2 kg，倒在容器里，为了便于辨认是否授粉加广告色或滑石粉搅拌均匀，用毛笔在新开花的花柄处涂抹即可。

6.采　收

一般开花后 25～30 d，茄子萼片与果实相接处变白色或淡绿色环消失即可采收上市。采收以上午 10 时以前进行为宜。盛果期每隔 2～3 d 采收一次。

（三）病虫害防治技术

1.病害防治

茄子苗期主要病害是幼苗猝倒病，出苗后用普力克 10 mL 兑水 15 kg 喷施 2～3 次，可防治猝倒病。结果期主要病害是黄萎病，见到中心病株及时拔除深埋或烧毁，并用根病除 25 g 兑水 15 kg 喷雾或 70% 敌克松可湿性粉剂 500 倍液或可用 70% 甲基托布津800倍液灌根，每株灌药液125～250 g。每10 d一次，2～3次可防治黄萎病。

2. 虫害防治

虫害主要有红蜘蛛、白粉虱等。红蜘蛛可喷35％克螨特乳油500～800倍液，或灭扫利每亩用药量为25 mL。白粉虱用扑虱灵15 g兑水15 kg喷杀。

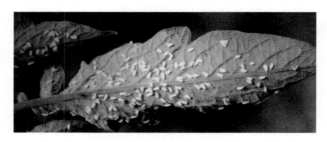

白粉虱

十四、温室黄瓜高产栽培技术

张立东　叶英杰　曹　霞　黄前晶

（一）品种选择及特点

秋延后生产的黄瓜，生产上主要选用前期耐高温，后期耐低温、抗病、优质、丰产、植株紧凑，适合密植的黄瓜品种，目前种植较多的有津春系列、津研系列、中农5号等。

（二）高产栽培技术要点

1. 播前准备

（1）整地施肥

在6月末7月初清洁田园整地，施优质腐熟农家肥5 000～7 500 kg/亩，先将1/2的农家肥撒施到田间后进行深翻，剩余1/2的农家肥配以三元复混肥30～40 kg/亩，过磷酸钙30～40 kg/亩混合后施于栽培沟内。

（2）高温闷棚

定植前利用盛夏高温季节，扣严棚膜，持续15～25 d，这样棚内温度可高达70 ℃以上，能将温室内表面的病菌杀死。同时辅以灌水和地膜，土壤温度也可以达50 ℃以上，对各种土传病害和线虫都有较好的防效。

（3）起　垄

采取大小行小高垄方式，即大行70 cm，小行40～50 cm，垄高15～20 cm，每垄定植两行，定植时按早中晚熟品种和植株高度确定密度，一般中熟和中晚熟品种株距35 cm，每亩定植3 500

株。早熟品种株距25～27 cm，每亩定植4 500株左右。

（4）种子处理

播种前将种子浸在50～55 ℃热水中不断搅动，保持恒温30 min，待水温降至25～30 ℃时停止搅动，继续浸泡3～5 min后捞出控干催芽；或用高锰酸钾5 000倍溶液浸泡1 h后用清水冲洗干净，杀死种子表面携带的病菌，再浸泡2～3 h。用湿布将种子包好放在阴暗处保持25～30 ℃进行催芽，当种子有80%以上露白时即可播种。

2. 播　种

7月上旬播种，11月上市，采用直播或育苗方式均可，但仍以直播方式较好。因其播种简便，一次完成，同时也没有移植伤根的顾虑，苗壮，死苗少。在起好的垄上按穴距20～23 cm，每穴播2～3粒种子，播种后覆土，稍加镇压，随即浇水，覆薄膜和稻草保湿降温。

3. 苗期管理

秧苗出土后，撤掉覆盖物，要经常保持土壤有一定的湿度，防止干旱，同时要用网纱隔离，以减少蚜虫的危害和防止病毒病的发生，这一点是秋播黄瓜育苗的关键之一。为防止徒长，控制浇水，少施氮肥，增施磷、钾肥，使植株壮而不旺，土壤保持见干见湿，当植株达到20 cm左右时，结合浇水，追1次有机肥。

4. 定　苗

直播的黄瓜出齐苗后，就要及时间苗。第一片真叶发生后，可间一次苗，每穴留2株苗，长至3～4片真叶即可按原定株距定苗，每穴留一株苗。当幼苗在第一、二、三片真叶展开时，分别喷洒一次200 mg/L乙烯利药液，以促进结瓜。

5. 定植后的管理

从播种到9月上、中旬，是高温多雨季节，黄瓜正处在定苗或定植后根系生长阶段，管理上主要是敞开大通风，起到凉棚、降温、防雨作用，注意夜间保温，晚上要将棚膜盖严。

（1）搭 架

可采用塑料绳吊蔓法或者架材搭架，架材要距植株根部7～8 cm远，不能靠的太近，太近易伤根。吊蔓前，结合浇水每亩可追施尿素5 kg或人畜粪便500 kg。搭架或吊蔓之后在第一花序下绑蔓，以后随着植株生长，在每穗花序下都要绑蔓。

（2）整 枝

前期主要上架和绑蔓，除掉下部侧枝，摘除雄花和卷须，后期可以利用侧枝结果增加产量；当植株高度接近棚顶时，可采取打顶，促进侧枝萌发，当主蔓瓜码少、侧枝出现雌花后，再留2叶摘心，培育回头瓜。

（3）肥水管理

进入10月份后气温渐低，黄瓜进入盛瓜期必须保证肥水供应，开始结瓜后就不能缺水了，应小水勤浇，不可大水漫灌。一般7～10 d浇水一次，结合浇水施肥，每次施尿素7～10 kg/亩，追肥和浇水可交替进行，浇1～2次水追施一次肥。每10 d追1次复合肥，每次15 kg左右，直到11月上旬为止，并注意经常增施二氧化碳。

6. 加强温室管理

当气温降到15 ℃时，注意加强温室内的温湿度管理，白天保持在25～30 ℃，晚上15～18 ℃，保证植株表面不结露，以减少病害的发生。立冬后，夜间适当加盖草帘，注意温室的保温防寒，以保证黄瓜的正常生长。

（三）病虫害的防治

1. 霜霉病

主要为害成熟瓜叶，发病初期在瓜株基部或中下部叶片出现水渍状退绿色小圆点，逐渐扩大后受叶脉限制成多角形黄褐色斑块。潮湿时，叶背病部长出紫灰色霜霉，严重的田块呈现一片枯黄。

霜霉病-1　　　　　　　　　　霜霉病-2

防治方法：①雨后排水，适当减少灌水，加强通风，控制湿度。②盛花期及时追肥、灌水，叶面喷施 0.5％糖尿液（即白糖、尿素各 0.5 kg，加水 100 kg）。③药剂防治，用 75％百菌清 500 倍液，72.2％普力克水剂 800 倍液，进行交替轮换使用，每 7～10 d 一次。

2. 细菌性角斑病

叶片病斑角状，初时褪绿水浸状，后逐渐变淡黄褐色，边缘常有油浸状晕区。潮湿时病斑背面溢出乳白色菌脓粘液，干后呈一层白膜或白色粉末，病斑易边缘开裂或穿孔脱落。

细菌性角斑病-1　　　　　　　　　细菌性角斑病-2

防治方法：①种子要用 40％福尔马林 150 倍液浸种 1.5 h 后水洗，或硫酸链霉素 500 倍液浸种 2 h。②控制湿度，轻灌水，叶面无水膜后进行农事操作。④发病初及时喷施农用链霉素200 mg/L。

3. 常见虫害

主要有蚜虫、螨类、黄守瓜等，发现后用40%乐果乳油1 000倍液，或2.5%敌杀死亩用15～20 mL，2.5%功夫乳油2 000倍液，65%蚜螨虫威可湿性粉剂600～700倍液喷雾防治。

（四）适时采摘

11月份中旬开始采摘，前期光照、温度有助于黄瓜的生长，为了获取较多的产量，每1～2 d采收1次，到后期天气转冷，温度低、光照弱，产量低，但随着露地黄瓜的断市，秋延后黄瓜价格逐渐提高，所以采收黄瓜也可逐渐拖延，发挥延后栽培的优势，提高经济效益。

十五、日光温室西红柿
高产栽培技术

张立东　叶英杰　曹　霞　黄前晶

（一）品种选择及特点

温室西红柿品种，最好选择优质、高产、抗病、耐热、耐储运、生长势强又不易徒长的品种，如中蔬 4 号、L－402、金冠等品质好、产量高、效益明显的品种。

（二）高产栽培技术要点

1. 播前准备

（1）整地施肥

在 6 月末 7 月初清洁田园整地，施优质腐熟农家肥 5 000～7 500 kg/亩，先将 1/2 的农家肥撒施到田间后进行深翻，剩余 1/2 的农家肥配以三元复混肥 30～40 kg/亩，过磷酸钙 30～40 kg/亩混合后施于栽培沟内。

（2）种子处理

播种前将种子浸在 50～55 ℃热水中不断搅动，保持恒温 30 min，待水温降至 25～30 ℃时停止搅动，继续浸泡 3～5 h 后捞出控干催芽；或用高锰酸钾 5 000 倍溶液浸泡 1 h 后用清水冲洗干净，杀死种子表面携带的病菌，再浸泡 2～3 h。用湿布将种子包好放在阴暗处保持 25～30 ℃进行催芽，当种子有 80％以上露白时即可播种。

（3）苗床的准备

营养土配置，采用 3 份腐熟好的有机肥加 1 份不含番茄病残体的田园土，将配好的土晒干，打碎过筛，去杂，铺在苗床上一般厚度为 8～10 cm（苗床一般宽 1.2 m，长度根据育苗数的多少而定），用木板刮平稍许压实，灌水待播。

（4）药土配置

在营养土基础上另外加 0.2% 复合肥及 0.1% 多菌灵（或大生、代森锰锌、百菌清）混匀。

2. 育 苗

在 7 月中上旬将浸好催出芽的种子均匀的撒播在苗床上，每平方米播种量为 10～15g，再撒上药土约 1 cm 厚，用木板压平，苗床上部搭荫棚，遮阳网上加盖塑料薄膜，起到保湿、防雨、降温作用。

3. 苗期管理

（1）秧苗管理

秧苗出土后，撒掉塑料棚膜和覆盖物，要经常保持土壤有一定的湿度，防止干旱，同时要用网纱隔离，以减少蚜虫的危害和防止病毒病的发生，这一点是秋播番茄育苗的关键之一。为防止徒长，在幼苗 2～3 片真叶展开时，可用 0.05%～0.1% 的矮壮素喷洒叶片 2～3 次。

（2）分苗

在幼苗 2～3 片真叶后进行分苗。行距 10～13 cm，株距 10 cm，分苗时用泥匙在已做好的苗床顶端开沟，开沟要浅并垂直，用水瓢浇小水，水渗后埋土，保持原来深度，注意苗子茎叶干净，不要沾染泥水。分苗后要用遮阳网遮盖，待缓过苗后可撒掉遮阳网，期间注意水分的管理，防止干旱、高温烧苗，及时浇水。

（3）肥水管理

苗期根据天气要及时防雨、防强光照晒、防干旱，适时浇水和喷洒叶面肥，及时松土铲除杂草，并注意病虫害的防治，如立枯病、霜霉病和病毒病的防治，一般采用 25％甲霜灵可湿性粉剂 800 倍液，或 50％多菌灵可湿性粉剂 1 000 倍液，或者70％甲基托布津 1 000 倍液进行喷洒，真叶展平后每 5～7 d 喷一次。

（4）定植前秧苗的锻炼

定植前 7～10 d 蹲苗锻炼，进行低温、控水、炼苗。

4. 定　植

（1）高温闷棚

定植前利用盛夏高温季节，扣严棚膜，持续 15～25 d，这样棚内温度可高达 70 ℃以上，能将温室内表面的病菌杀死。同时辅以灌水和地膜，土壤温度也可以达 50 ℃以上，对各种土传病害和线虫都有较好的防效。

（2）定　植

在苗高 20 cm，6～7 片真叶或苗龄 50～60 d 后选择晴天及时定植。

采取大小行小高垄方式，即大行 70～80 cm，小行 50～60 cm，垄高 15～20 cm 左右，每垄定植两行，定植时按早中晚熟品种和植株高度确定密度，一般中熟和中晚熟品种以株距 35 cm，每亩定植 3 500 株。早熟品种株距 25～27 cm，每亩定植 4 500 株左右。并适时浇小水，忌大水漫灌，以利缓苗。定植水一定要浇透。

（3）田间管理

定植缓苗后，可喷施两次 1 000 倍溶液的助壮素（丰产灵），助壮素的兑法是 50 kg 清水中兑上含有效成份 25％的助壮素 20 mL；用矮壮素时是 50 kg 清水兑上矮壮素 50 mL，每隔 7 d 喷一次，共喷两次。并严格用药浓度。定植成活后，此时气、地温仍较高，要加强通风、降温。及时中耕松土，促进根系发育，防止植株徒长。

9月中旬以后，注意夜间保温，晚上要将棚膜盖严，白天 25～38 ℃，晚上 16～18 ℃为宜，同时应在此时加强肥水管理。

（4）搭　架

苗成活后 40～50 cm 左右高时进行，可采用塑料绳吊蔓法或者架材搭架，搭架形式有人字架、四角架、人字花架和篱架，架材要距植株根部 7～8 cm 远，不能靠的太近，太近易伤根。搭架后在第一花序下绑蔓，以后随着植株生长，在每穗花序下都要绑蔓。

（5）整枝、打叉

单干整枝，陆续摘除侧枝，要经常进行打叉，及时去掉侧枝侧芽，以免养分消耗。

摘心：有限生长类型品种不必摘心，而无限生长类型品种则要摘心，一般早熟留 2～3 穗果，中晚熟留 4～6 穗果，摘心后应及时打叉。

打叶：番茄生长到中后期时要将底部老叶打掉，可以增强植株的通风透光，降低病害的发生和蔓延。

（6）肥水管理

掌握好温度及时浇好第一水。当一序果核桃大，二序果蚕豆大，三序果花蕾刚开花时，开始灌水，每 10～15 d 一次，结合追施尿素，每次每亩 7.5～10 kg。

（7）加强温室管理

当气温降到 10 ℃时，注意加强温室内的温湿度管理，白天保持在 20～25 ℃，晚上 13～15 ℃，保证植株表面不结露，以减少病害的发生。

（8）适时采摘上市

在果实成熟期，根据市场需求，采摘少部果面转红至全部转红的果实，及时出售。

（三）病虫害综合防治

前期以防虫为主，中后期以防病为主。主要害虫有蚜虫、温室白粉虱、棉铃虫等。在苗期以防治蚜虫和温室白粉虱为主，可用10％吡虫啉可湿性粉剂1 000倍液，隔5～7 d喷一次，兼治斑潜蝇。也可采用黄板诱杀成虫的方法进行防治，30～40块/亩。

危害秋延后番茄较重的病害有早疫病、晚疫病和灰霉病等。除采取加强田间管理，控制好温室内的温湿度等农业防治措施外，还要针对具体情况及时使用药剂进行防治。

（1）早疫病

早疫病-1　　　　　　　　早疫病-2

危害症状：主要危害叶、茎和果实。叶片受害，初呈暗褐色小斑点，后扩大成圆形至椭圆性病斑，并有明显的同心轮纹，边缘具黄色或黄绿色晕圈。

果实发病多在果蒂附近或裂缝处形成近圆形凹陷病斑，也有同心轮纹，病果开裂，病部较硬，有时提早变红。空气潮湿时，其上生有黑色霉层，病果易早落。

防治方法：可采用粉尘法施药，于发病初期喷施5％百菌清粉尘剂，每亩500 g。也可用45％百菌清或10％速克灵烟雾剂，每亩225 g。发病初期，喷施下列药剂：3％农抗120水剂150倍液，或2％武夷霉素（Bo－10）200倍液，或70％代森锰锌可湿性粉剂500倍液，或25％代森锰锌胶悬剂150～200倍液，或40％大富丹可湿性粉剂500倍液，或75％百菌清可湿性粉剂600倍液，每隔7～10 d防治1次，连续防治2～3次。

（2）晚疫病

晚疫病-1　　　　　　　　　　晚疫病-2

危害症状：叶子得了晚疫病，多半是从叶尖或叶边开始出现病斑，早晨，叶背面的病斑上会长出白霉；秸秆得了晚疫病，会出现黑黄色的病斑，发病部位往往凹陷，茎秆常常从这折断；果实得晚疫病，多半是在果子还青的时候，出现黑黄色的病斑，病斑开始比较硬，慢慢就会腐烂。严重时整株西红柿秧都会变黑枯死。

防治方法：在发现中心病株时要及时拔除并销毁，对周围的植株进行药剂保护，重点是中下部的叶片和果实。可采用72.2%普力克水剂800倍液，或者58%甲霜灵可湿性粉剂500倍液，或50%百菌清可湿性粉剂400倍液，每隔7～10 d防治1次，连续用药4～5次。

（3）灰霉病

灰霉病-1　　　　　　　　　　灰霉病-2

危害症状：番茄灰霉病主要危害果实，也可以侵害叶片和茎等部位。果实受害一般先从残留的花瓣、花托等处开始，出现湿润状，灰褐色不定形的病斑，逐渐发展成湿腐，从萼片部向四周发展，可使1/3以上的果实腐烂，病部长出一层鼠灰色茸毛状的霉层，此为病菌的分生孢子梗和分生孢子。

防治方法：防治番茄灰霉病最主要的措施是极力搞好棚室内的通风、透光、降湿，但同时还要保持温度不要太低。其次要加强肥水管理，使植株长势壮旺，防止早衰及各种因素引起的伤口。发现病株、病果应及时清除销毁。收获后彻底清园，翻晒土壤，可减少病菌来源。田间初发现病株、病果应随即摘除外，还要选喷下列药剂防治：①50％速克灵可湿性粉剂1 500～2 000倍液；②40％多硫悬浮剂400倍液；③50％扑海因可湿性粉剂1 000～1 500倍液；④70％甲基托布津800～1 000倍液等。隔7～10 d喷一次，连续喷3～4次。要注意病菌容易产生耐药性，因此，在一个生长期内不可使用同一种药剂，而需将上述药剂轮换使用。

十六、通辽市日光温室建造

张立东　叶英杰

(一) 日光温室建设园址的选择

日光温室建设要选择地面开阔、无遮阴、避风、平坦的矩形地块，要求四周无障碍物，以免高温季节窝风，影响棚室通风换气和植物光合作用。温室建设区域要远离污水排放与城镇垃圾堆放区域，保证设施农业无公害化生产，同时要有便捷的水源条件与良好的排水条件和设施。

为便于温室建设与设施农产品的运销，设施农业小区应选择在靠近公路和批发市场（农贸市场）的地方建设。在城郊或工业区附近建设设施农业小区应选择在冬季的上风口处，以减少粉尘及其他污染物对棚膜造成的污染和积尘，影响棚室内采光。

(二) 日光温室结构及参数

1. 温室方位

日光温室应该座北朝南，东西延长，正南偏西 5°～8°。原因是：通辽是地处北纬 43°高纬度地区，冬季外界温度低，如果朝南偏东的温室在早晨日出揭被后，温室内温度明显下降，或塑料薄膜结霜而影响光照，反而抑制作物的光合作用；而温室朝南偏西，有利于延长午后的光照蓄热时间和夜间保温，作物在下午的时候有一个光合小高峰，这样有利于作物进行光合作用。

2. 温室间距

两栋温室之间的距离以冬至太阳高度角最小时，前栋温室不遮盖后一栋温室采光为准。一般以温室高度的 2.5~3 倍为宜。在风大的地方，为避免道路变成风口，温室或大棚要错开排列。

3. 温室的长度

温室长度一般在 80~100 m 为宜，过长易造成通风困难，浇水不均。如果温室长度设计大于 100 m，应该给这个温室设置两个门，东面一个，西面一个。

4. 宽　　度

又称"跨度"指的是南北之间的距离，日光温室的跨度以 7.5~8.5 m 最为适宜。过大或过小不利于采光、保温、作物生育及人工作业。

5. 温室的高度

温室的高度是指温室屋脊到地面的垂直高度。一般跨度为 7.5~8.5 m 的日光温室，在北方地区如果生产喜温作物，高度以 4.0~4.6 m 为宜。

6. 温室角度

温室角度是指温室前屋面高 1 m 处与地平面的夹角，这个角度对温室的影响很大，计算公式如下：

$23.5 + （当地纬度 - 40） \times 0.618 + \alpha_1 + \alpha_2 + \alpha_3$

α_1：纬度调节系数，$>50° - 1$，$<35° + 1$

α_2：海拔高度调节系数，每升高 1 000 m $+1$

α_3：应用方式调节系数，以冬季生产为主的 $+1$

通辽市位于自治区东部，地处北纬 42.15°~45.41° 东经 119.15°~123.43°，通辽市地处松原平原西端，属于内蒙古高原递降到低山丘陵和倾斜冲击平原地带。北部山区属于大兴安岭余脉，海拔高度为 1 000~1 400 m；中部属于西辽河、新开河、教来河冲击平原，由西向东逐渐倾斜，海拔有 90~320 m；南部和西部属于辽西山区的边缘地带，海拔为 400~600 m。

举例：纬度 43°、海拔 1000 m、用于冬季生产。

23.5+（43-40）×0.618+0+1+1=27.354

7. 温室后屋面角度

后屋面角度是指温室后屋面与后墙顶部水平线的夹角，后屋面的仰角应为 37°~45°，温室屋脊与后墙顶部高度差应为 90~120 cm，这样可使寒冷季节有更多的直射光照射在后墙及后屋面上，有利于保温。

后屋面仰角大的好处。一是后坡仰角大，冬季反射光好，能增加温室后部光照；二是后坡内侧因多得阳光辐射热，有利于夜间保温；三是能增加钢架水平推力，增加温室的稳固性；四是避免夏天遮荫严重的现象。

8. 后屋面水平投影长度

后屋面过长，在冬季太阳高度角较小时，就会出现遮光现象，因此，后屋面水平投影长度以小于等于 1.0 m 为宜。温室结构示意见如下图所示。

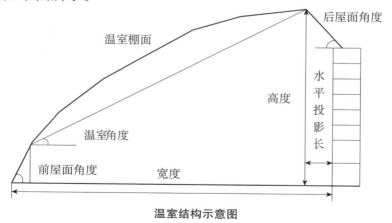

温室结构示意图

（三）辅助设备

1. 灌溉系统

日光温室的灌溉以冬季寒冷季节为重点，不宜明水灌溉，最好采用管道灌溉或滴灌。

目前日光温室多数沿袭传统的沟灌或畦面灌溉。这是露地栽培灌溉的方法。在温室内是不适用的，一是用水量大，既浪费水资源和能源又降低地温，增加空气湿度，土壤板结，还容易发生气传病害，因此为了避免大水漫灌和畦灌对温室生产的不利影响，温室内因采用膜下软管微喷技术。既节水、又能防止棚室蔬菜因湿度大发病严重的问题，膜下软管微喷技术具有以下优点。

（1）节水、节肥效果明显，有效防止了土壤的板结

日光温室软管微喷技术虽然浇水的频率高，每3～5 d就必须浇灌一次，但每次的浇水量较小。另外，微管带铺在作物根系地表面的塑料薄膜下，每次灌水都均匀分布在根系土层内，而无大量积水乱流现象，不仅减少了水分浪费，而且还减少了水分的蒸发，全生育期（一亩）可节水 100～1 500 m³，节水率60％。

增加土壤综合肥力，与大水漫惯相比，使用软管微喷的土壤有机质、氮、磷、钾含量都有增加。应用微喷技术，底肥、追肥集中，水在土壤中渗透慢，减少了的水肥的深层渗透，避免了养分流失，有利于作物均匀吸收养分和水分，进而提高肥效。

能较好地保持土壤的理化特性，应用微喷技术，给水时间长，速度慢，使土壤疏松。容重小、土壤孔隙适中，减轻了土壤的酸化和盐化程度，为作物正常生长创造了良好的土壤环境，有利于作物生长。

（2）改变棚内温湿度，减少病虫害的发生，提早上市

在低温季节，软管微喷技术的应用，明显提高地温、气温。

地温可增高 3～5 ℃，气温增高 1～3 ℃，且温室内相对湿度减少 23％左右，减少病虫害的发生。地温、气温的提高，将使产品提早上市一周。在早温季节不覆盖地膜，随时都可浇水，可以减低低温，增加棚内湿度，减少病毒病的发生，有利于增产增收。

（3）省工、省时、省地

膜下软管微喷给水不用人工护渠，比人工护渠占地可节省 6％，每亩多定植 100～200 株，用软管微喷，合上电闸即可浇水施肥，省去了沟灌时需人工不断引开水垄沟。

（4）投入少

该设备 1 亩投入 490 元左右，可使用 3 年以上。

（5）使用方法

①平整地面，做畦，畦面高出垄沟 10 cm 左右；②铺输水管和微灌带，在畦面（或垄间）铺设微灌带，将其尾端封住，微孔向上。根据微灌带的位置用剪刀将输出水管剪出相应的接头安装孔。（孔不可大于内接头直径）；③安装接头，将内接头从输水管两端塞入管内，依次一枝各孔处挤出，套上胶垫，拧紧外接头；④连接微灌带，将微灌带放在接头尾部的套圈内，用力套在外接头上；⑤水管拉直，然后覆上地膜。

（6）注意事项

① 水源清洁，水中不能有大于 0.8 mm 的悬浮物；② 作物行距小于 40 cm 时，可双行苗一根微灌带，大于 40 cm 时，应每行用一根微喷带；③ 要求水泵功率 750～1 000 W，使用长度最好是小于 80 m。

2. 作业间

作业间是工作人员休息场所，又是放置小农具和部分生产资料的地方，更主要是出入温室起到缓冲作用。可防止冷空气直接进入温室。

3. 防寒沟

防寒沟设在温室的南侧，挖一条宽 30～40 cm、深度不小于冻土层厚度的、略长于温室长度的沟，在沟内填满马粪、稻壳或碎秸秆等，踩实后再盖土封严，盖土厚 15 cm 以上。或者是在前墙 24 砖墙或 20 cm 宽、50 cm 深混凝土过梁内贴一层 5 cm 厚聚苯板隔热，保温效果最为理想。

4. 卷帘机

日光温室前屋面夜间覆盖保温被，白天卷起夜间放下，若保温被有两个人操作，则需要较长的时间，特别是严寒冬季，太阳升起后，因卷帘需要较长时间，对作物的生长有一定的影响，午后盖帘子，若在温度最适宜的时候进行，不等盖完，温度已经下降，影响夜间保温；若提前覆盖，盖完后室内温度偏高，作物又容易徒长，特别是遇到时阴时晴的天气，帘子不可能及时掀盖，利用卷帘机就可以在短时间内完成，防止风把棉被吹到后面。

5. 反光幕

在日光温室栽培畦的北侧或者是靠后墙部位张挂反光幕，可利用反光，改善后部弱光区的光照，有较好的补光增温作用。

6. 蓄水池

日光温室冬季灌溉水温偏低，灌水后常使地温下降，影响作物根系的生长，我们可以在日光温室内放置大缸或者是修建蓄水池，要求蓄水池白天掀开晒水，夜间盖上，既可以提高水温又可以防止水分蒸发。

7. 沼气池

我们也可以在日光温室内修建沼气池，这样，就为日光温室生产栽培提供了较好的肥料和热源。

（四）日光温室的建造

1. 后墙建造

日光温室的墙体既可起到承重作用又可以起到保温蓄热作用。墙体最好是内层采用蓄热系数大、外层采用导热率小的材料。据有关试验数据显示，从温室土墙表面向内纵深 1.6 m 处时，温度不在发生变化，就是说，温室墙体 1.6 m 为温度的平衡点。因此，温室的后墙厚度并不是越厚保温效果越好。后墙体的宽度可分 3 种：

（1）机械筑墙。后土墙体的底宽 4.0～4.5 m，上宽 2.0～2.5 m，如本书第 132 页、第 133 页图片所示。各接点放大图见本书第 134 页图片所示。

（2）土板打墙或泥垛墙：墙底宽 2.0～2.5 m，上宽 1 m，打墙时先把土润湿，一层土一层草，逐层夯实。

（3）砖墙：墙宽 0.48 m，外墙宽 0.24 m，内墙 0.12 m，内、外墙之间填充隔热材料。隔热材料可以选择聚苯板、麦秸、蛭石、也可以采用干燥的沙土。后墙建设好之后应该在后墙顶部建一个 20 cm×40 cm 的混凝土梁，在打混凝土梁的同时，应每隔 1 m 处下一个 Φ8 或者 12 圆钢，以便焊接棚架。

2. 温室后坡建造

温室后坡长 1.2～1.6 m，钢拱架的后坡可用水泥预制件、或用木板铺在后坡底部，再上铺一层旧薄膜、加高密度 10 cm 厚的聚苯板，然后放炉渣，最上层可抹水泥和白灰做防水处理。竹木拱架的日光温室可在屋脊横梁和后墙上放小椽，每 25 cm 放一根小椽，每个标准日光温室需椽木 200 根，椽木长 1.5～1.2 m，在小椽上横放玉米秸或高粱秸捆覆盖，直径 15～20 cm，然后上放碎稻草 20 cm，再抹草泥 2 cm。（部分钢拱架也采用此方法建后坡）。温室后坡建造方式示例见本书第 135 页图片。

无论哪种形式的后坡，如果后坡铺设草帘或者是秸秆，那就要求铺设的草帘或者是秸秆内外侧必须铺设塑料薄膜，并包裹严实，以保持铺设草帘或者是秸秆干燥，防止透风，以增加保温效果和延长其使用寿命。

我们也可以根据当地情况或者现有的农作物副产品作为保温材料，例如从内到外依次如下。

（1）椽子或木板或石棉瓦，用椽子是必须排密，留得间隙越小越好。

用石棉瓦一定要用加厚的。

（2）塑料膜。

（3）秸秆或者是高密度板或者是炉渣或者草帘，用炉渣时一定要打实，不能虚。

（4）塑料膜。

（5）水泥或者石棉瓦或者土。

可以直接利用保温板。

还可以由炉渣加上水泥、空心砖、充气砖等这种材料轻质保温材料。

3. 棚架设计

（1）竹木拱架

采用竹杆或木杆做拱架，沿长度每隔 3 m 设一列立柱，再按宽度设 3～4 排立柱，第一排立柱也叫后立柱，是支撑后坡面和前屋面以及草苫的主要立柱，所以承受力量最大。一般后立柱 4.5 m，需要埋入地下 0.5 m，地上高度 4.0 m（包括温室地面下挖 0.4 m）。立柱的埋放要求：一是埋立柱的坑底要摆放基石，防止立柱受压后下沉。二是立柱顶端应向后墙倾斜 8～10 cm 以平衡后坡的重力。在后立柱上面架设一南北向横梁（也称脊檩），可采用钢管、水泥、木材等做横梁。温室前沿一排立柱叫前立柱。前立柱底部距温室前底脚约 1 m，柱长 1.5 m，下埋 0.3 m，地上部 1.2 m，埋前立柱时，立柱顶端向南侧倾斜 0.3 m 左右，其主要作用是承担温室前屋面北向压力。前后两排立柱之间设 1～2 排立柱，每排立柱下埋 30～40 cm，底垫二层砖或石块，要前后左右对直。并用直径 14 mm 钢丝绳将每排立柱连接，钢丝绳用紧线器拉紧，两端用锚石坠住。在立柱与钢丝绳形成的棚面上架设拱杆，形成前屋面。该类型温室拱架造价低、投资少，由于它支柱较多，作业不方便，遮光较大，且需要年年维护。

（2）钢筋或钢管拱架

用钢筋或钢管焊接的双弦拱架，钢管必须是管壁厚度为 2.4 mm 的国标 4 分管。一般每 1 m 设一道拱架，用 4 分钢管设横向拉筋，横向拉筋设 3～4 道，互相连接而成。钢架外拱为 4 分钢管，内拱为 Φ14 圆钢，花筋为 Φ10 圆钢。除锈后，刷两遍防锈漆。该类型温室造价高，投资较大，由于采用钢筋拱架，遮阳率少、没有支柱，便于作物生产和管理人员操作，而且维护费用少，折旧期年限长。各接点放大图见本书第 134 页图片。

（3）前墙设计

在温室前端修建 24 砖墙或 20 cm 宽、50 cm 深混凝土过梁，每隔一米与后墙对应留预埋件，以便棚架的焊接和棚架的稳固。

（4）后墙通风的设计

为了加大温室的通风效果，可在砖墙上预留通风口，后墙的通风孔与前面形成气流，可以穿过温室。操作非常方便，这里必须注意通风孔的位置和面积。具体要求如下。

通风孔的大小通常是（0.3～0.5）×（0.3～0.5）m^2。

通风口的高度至少在 1 m 左右高的地方，一般在 1.5 m 的地方，可使气流畅通，在气流流动的同时把热量带走，而且不伤及秧苗。

（五）日光温室的覆盖材料

1. 塑料薄膜的选择

（1）PVC、聚氯乙烯无滴防老化膜

保温性能好，耐低温，透光性好，防尘性差，但是重大，易产生静电吸不耐拉，用量 130 kg/亩，后期透光性差，建议越冬果类菜生产时使用。

（2）PE 膜

聚乙烯膜和聚乙烯无滴防老化膜，重量轻，拉力强，透光性、保温性、耐候性中，防尘良，用量 100 kg/亩。

（3）EVA 膜

聚乙烯—醋酸乙烯膜，耐拉、透光、耐低温性优，保温，除尘、流滴性良，用量少，温室用量 100 kg/亩，但造价较高。

2. 保温材料的选择

（1）纸　被

防寒纸被，由 12 层牛皮纸构成，规格为 2.5 m×7.5 m，每亩需要 42 条。使用年限 15～20 年。但纸被投资高，易被雨水、雪水淋湿。

（2）保温被

是由内芯和外皮组成，保温性能相对较好，棉被多用包装布与落地棉或者黑心棉制成。规格为 2.5 m×7.5 m，每亩需要 40 条左右。保温能力在 10 ℃左右，可用 10 年。表面是由防雨布代替的能够避免帘子发霉、沤烂。

（3）草　帘

草帘的保温性能随其厚薄，干湿度而异，一般覆盖可提高温度 1～2 ℃，草帘取材容易，但易被淋湿，淋湿后重量增大，操作不便。

（六）塑料棚膜的连接

扣棚膜时，最好采用 3 幅，上幅宽 2.5 m，中间幅宽 5～7 m（依温室跨度而定），下幅宽 1.5 m，每幅上下搭接处的塑料边烙合形成裤套，中间串绳，为防止雨雪水顺棚膜面流入棚内，上棚膜时应上幅压下幅叠压搭接，上下叠压搭接 10 cm，在生产上用以扒缝放风。为了便于放风，也可以在叠压处安装小滑轮或者细绳。扣棚时要求棚膜要绷紧压实，上部薄膜外边固定在温室后坡上，下部棚膜底边用土压在前屋角下。每个拱架之间用压膜线压紧，压膜线下固定在地锚上。具体的方法是利用风口大小来控制棚内的温度的高低。

（七）蔬菜冻害防治措施

1. 低温冻害对蔬菜生长发育的影响

低温对育苗的影响主要表现为光照不足、地温偏低，蔬菜出苗慢、长势弱，猝倒病较重；对移栽定植的影响主要表现为定植期推迟，缓苗期延长；对生长发育进程的影响主要表现为生长势较弱，开花、坐果和上市期都将推迟。冻害严重时植株直接被冻死。大棚蔬菜在持续低温下生长发育缓慢或停止，叶菜、根菜、茎菜类产量低，果菜类易落花落果、坐果少。冻害严重时植株生长点遭危害，顶芽冻死，生长停止；受冻叶片发黄或发白，甚至干枯；根系受到冻害时，生长停止，并逐渐变黄甚至死亡。

2. 蔬菜低温冻害的预防

（1）温室大棚蔬菜低温冻害的预防

增加覆盖物：夜间在大棚四周加围草苫或玉米秸，可增温 1～2 ℃。在原来的草苫上面再加一层薄苫子，可使棚温提高 2～3 ℃。在原来的草苫上覆盖一层薄膜，不仅可以挡风，还能防止雨雪打湿草苫，从而减少因水分蒸发而引起的热量散失。

大棚周围熏烟：寒流到来之前，在大棚周围点火熏烟，可防止大棚周围的热量向高空辐射，减少热量散失。

清扫灰尘、秋雪：经常清扫棚膜把棚膜上面的灰尘、污物及积雪及时清除干净，可以增加光照，提高棚温。如遇大雪，可采用人工刮雪以防大棚损坏。

覆地膜或小拱棚：大棚内属高垄栽培的，可在高垄上覆盖一层地膜，一般可提高地温 2 ℃至 3 ℃；平畦栽培的，可架设小拱棚提高地温。

挖防寒沟：在大棚外侧南面挖沟，填入马粪、杂草、秸秆等保温材料，可防止地温向外散失，提高大棚南部的地温。

双层薄膜覆盖：在无滴膜下方再搭一层薄膜，由于两层膜间隔有空气，可明显提高棚内温度。

利用贮水池保温：在大棚中央每隔几米挖一贮水池，池底铺塑料薄膜，然后灌满清水，再在池子上部盖上一层透明薄膜（以防池内水分蒸发而增大棚内的空气湿度）。由于水的比热大，中午可以吸收热量（高温时），晚上则可以将热量释放出来。

适时揭盖草苫：在温度条件许可时，尽量早揭晚盖，促进蔬菜进行光合作用。多云或阴天，光照较弱，也应适时揭开草苫，使散射光射入，一方面可提高温度，另一方面由于散射光中具有较多的蓝紫光，有利于光合作用。切忌长时间不揭草苫，造成棚内阴冷、气温大幅下降。

应用秸秆反应堆技术或者增施有机肥：施入马粪、碎草等酿热物，秸秆反应或有机肥分解可释放热量，以提高土壤温度。

悬挂反光幕：在大棚北侧悬挂聚酯镀铝膜，可以增加棚内光照，提高棚温 2～3 ℃。

利用炉火或暖气增温：遇到极冷天气，可在棚内增设火炉或开通暖气。但使用炉火加温时要注意防止蔬菜煤气中毒（安装烟囱将煤气输出棚外）。注意不要在棚内点燃柴草增温，因为柴草燃烧时放出的烟雾对蔬菜危害极大。

地面撒施草木灰：草木灰呈灰黑色，具有较强的吸热能力，均匀撒于地面后，一般可提高地温 1～2 ℃。

喷洒抗冷冻素：在降温之前，用抗冷冻素 400～700 倍液喷洒植株的茎部和叶片，能起到防寒抗冻的作用。

种植密度：棚室内种植茄果类蔬菜，其栽培种植密度不宜过大，一般每亩 1 500～2 000 株为宜，进而使地表更多的接受光照，提高低温。

应急措施：当棚内温度快要降到零上 1～2 ℃时，点燃汽油喷灯进温室内走一圈，可提高温度 2～3 ℃。

（2）露地蔬菜低温冻害的预防

低温冻害发生前结合中耕进行培土，既可疏松土壤，又能提高土温，保护根部。

在低温冻害来临前一天下午，每亩用 100～150 kg 稻草均匀覆盖在菜畦和蔬菜上，可减轻冻害。

用地膜轻覆在蔬菜上面防晚霜危害。

在寒流侵袭前，应趁晴天进行浇灌，有利于土壤吸收水分，贮藏热量，减轻冻害。冬灌水量不可太大，以当日能渗下为宜。

降温、霜害即将来临前，在田间四周用秸秆生火烟熏或喷施植物抗寒剂等预防。

3. 蔬菜低温冻害的补救措施

（1）大棚蔬菜低温冻害的补救措施

棚内瓜菜发生冻害后，不能马上闭棚升温，若升温过快会使受冻组织脱水死亡。太阳出来后应适度敞开通风口，过段时间再将通风口逐渐缩小、关闭。让棚温缓慢上升，使受冻组织充分吸收水分，促进细胞复活，减少组织死亡。

受冻蔬菜植株生长势较弱，待缓苗后，要及时追施速效肥料，促进根系尽快恢复和生长，并剪去死亡组织，及时喷药防治病害。瓜类和茄果类蔬菜，一生中对氮、磷、钾三要素的需求比较平衡，以选用三元素复合肥、喷施宝、光合微肥等为宜。叶菜类蔬菜，一生中对氮肥的需用量最多，应喷施1%～2%的尿素水溶液，若再加入适量的赤霉素效果更好。根茎类蔬菜，对钾、磷等元素的需要量较多，可喷施0.3%磷酸二氢钾或1%硫酸钾水溶液。叶面肥要喷洒均匀周到，使叶片反正面都沾满肥液。喷后7～10 d，再喷施1次。

及时中耕培土，加强田间管理。

受冻严重的枝叶，要及时剪除并清出棚外，以免霉变诱发病害。

植株受冻后，易遭受病虫害侵袭，应及时喷洒一些保护剂和杀菌剂。并结合追肥，加强管理，尽快使植株恢复生长。

（2）露地蔬菜低温冻害的补救措施

已达到商品成熟度的蔬菜，要及时抢收。

加强田间管理，薄施肥料，控氮增加磷钾肥，促进根系发育，增强抗寒力。

中耕培土，疏松土壤，提高地温。

及时剪去受冻的枯枝，避免受冻组织霉变而诱发病害。

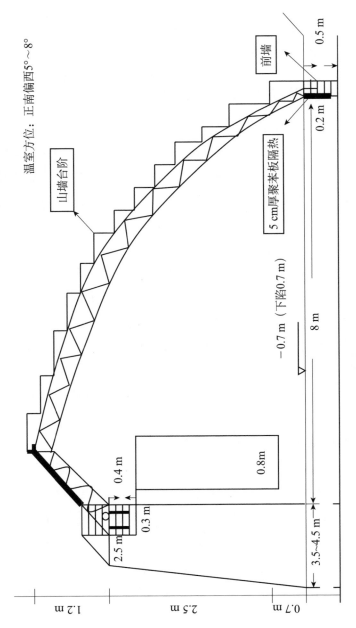

机建厚墙体积温墙结构图

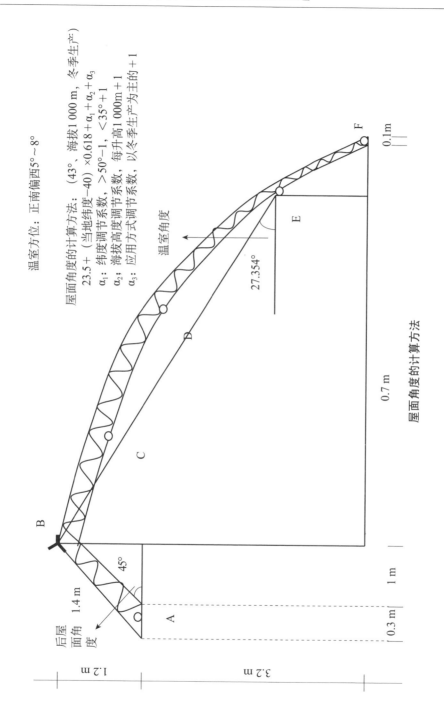

温室方位：正南偏西5°～8°

屋面角度的计算方法：（43°，海拔1 000 m，冬季生产）

$23.5 + （当地纬度-40）\times 0.618 + \alpha_1 + \alpha_2 + \alpha_3$

α_1：纬度调节系数，>50°-1，<35°+1

α_2：海拔高度调节系数，每升高1 000m+1

α_3：应用方式调节系数，以冬季生产为主的+1

屋面角度的计算方法

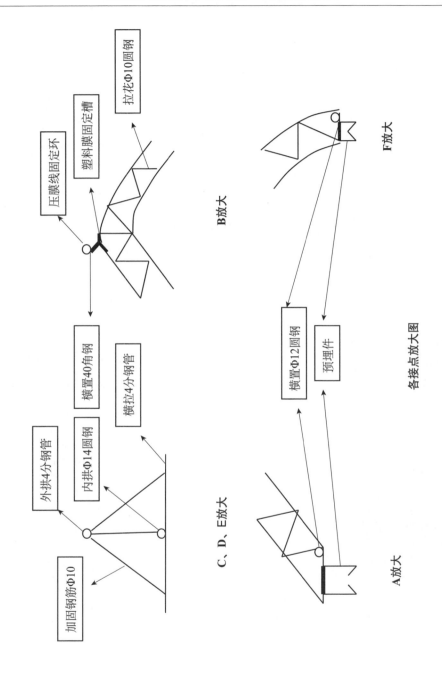

拉花Φ10圆钢

塑料膜固定槽

压膜线固定环

F放大

B放大

横置Φ12圆钢

预埋件

横置40角钢

横拉4分钢管

各接点放大图

外拱4分钢管

内拱Φ14圆钢

A放大

C、D、E放大

加固钢筋Φ10

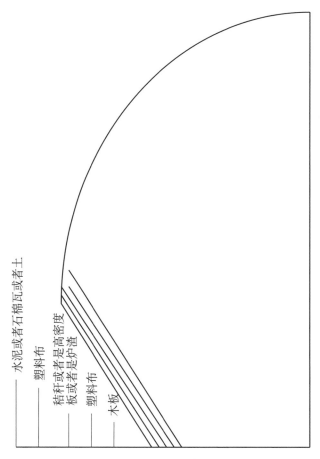

水泥或者石棉瓦或者土

塑料布

秸秆或者是高密度
板或者是炉渣

塑料布

木板

温室后坡建造方式示例

· 农业科研团队与平台建设 ·

一、农业专家

（一）研究员

1. 朱国立

朱国立，男，汉族，中共党员，1960 年出生于赤峰市敖汉旗，1984 年毕业于哲里木畜牧学院。2002 年晋升为研究员，2005 年被内蒙古民族大学聘请为硕士研究生导师。现任通辽市农科院副院长、中国农业工程学会蓖麻经济技术分会副理事长、中国农业技术推广协会蓖麻工作委员会第一届理事会常务理事、国家公益性行业（农业）科研专项首席专家。

朱国立

参加工作以来，先后主持参加完成的科技攻关项目 22 项，获国家发明专利 1 项，实用新型专利 1 项。获国家科技进步奖 1 项，内蒙古科技进步奖 3 项、科技承包奖 2 项、农牧业丰收奖 2 项，通辽市科技进步奖 4 项。曾获内蒙古劳动模范、有突出贡献的中青年专家、获内蒙古"草原英才"和通辽市首届"科尔沁英才"称号，获通辽市科教兴市特别奖、通辽市科技创新杰出奖。

在蓖麻杂优利用研究、蓖麻遗传育种、生理栽培方面有很深的造诣，对通辽市乃至全国蓖麻产业的发展做出了卓越的贡献。在新品种选育研究上，育成蓖麻品种 12 个，完成了我国北方蓖麻主产区 5 次品种更新，实现了蓖麻品种从常规种到杂交种、从高秆品种到矮秆品种应用两次大的飞跃；在蓖麻杂优利用研究上，发现并育成蓖麻标记雌性系，提出"一系两用/两系法"的蓖麻杂优利用途径，建立了两大蓖麻杂交种选育体系，四大选育基础群体，构建了蓖麻杂优利用研究体系的基本框架，为我国蓖麻杂优利用研究开辟了新途径；研究了蓖麻性状间相关关系、遗传规律及不同类型蓖麻种质资源的配合力状况，提高了选育的准确性避免了盲目性；在蓖麻栽培生理研究上，首次提出了蓖麻生育阶段划分方法及各生育阶段的生育特点、栽培管理技术；首次提出了蓖麻属短日照作物；提出我国栽培蓖麻生态区划方法及引种规律。研究出了通蓖系列蓖麻品种模式化栽培技术在生产推广应用，取得显著的增产效果；撰写学术论文 60 余篇，有 10 篇分别被中国农学会、中国作物学会、内蒙古农学会、通辽市科学技术协会、通辽市农学会评为优秀论文，有 2 篇被国外权威刊物转载。

2. 张建华

张建华，男，汉族，1971 年 8 月生，内蒙古民族大学农业推广硕士，研究员。

张建华

主持或参与项目：2003 年主持完成《主要农作物良种选育及产业化技术开发（玉米杂交种选育）》项目。2007 年主持完成《哲单号玉米新品种（哲单 20、21、38、39）及高效种植技术示范推广》项目。2008 年主持完成农作物种子科技工程《玉米高产优质杂交种选育》项目。2010 年主持完成《国审玉米杂交种通科 1 号》项目。2013—2015 年主持完成中央补助地方科技基础条件专项资金项目《玉米育种科研平台建设》。2013—2015 年主持完成内蒙古自治区发改委项目《玉米育种内蒙古自治区工程实验室》。2013—2015 年主持完成通辽市农牧业科技推广项目《通辽市农科院玉米新品种引进推广》。2011 年至今主持国家玉米现代农业产业技术体系通辽综合试验站项目。2012 年至今主持内蒙古自治区院士专家工作站（通辽市通科种业有限责任公司玉米育种与栽培院士专家工作站）项目。2012 年至今主持自治区农牧业科技推广项目《高产优质玉米新品种培育及新品种鉴选、示范推广》。2012 年至今主持内蒙古自治区产业创新人才团队—通辽市玉米选育研究创新团队项目。2014 年至今主持国家 973 计划研究专项《农业动植物增产调控及抗病机制研究（玉米核质互作雄性不育机理研究）》项目。

主持参与育成并通过审定的玉米杂交种 20 个，分别为：哲单 14、20、21、33、35、36、37、38、39、40，通玉 103，通科 1、3、4、5、6、8 号，通平 1、118、198，其中主持完成 12 个，通科 1 号玉米杂交种通过国家审定，填补自治区没有国审玉米品种的空白。上述品种累计推广面积达 2500 万亩，累计增产粮食 20 亿斤，增加社会效益 15 亿元。

为配合通辽市政府 800 万亩粮食功能区建设，制定《通辽市玉米高产高效种植技术规程》《通辽市玉米节水减肥增效水肥一体化技术》，自 2012 年推广至今，累计推广面积达 2 000 万亩，累计增产粮食 30 亿 kg，增加社会效益 45 亿元。参与出版论著 2 部，省部级以上刊物发表论文 29 篇。

3. 解笑宇

解笑宇，男，汉族，1965 年 6 月生，毕业于中国农业大学，推广研究员。

2005 年主持《高油大豆新技术示范与推广》项目获国家丰收计划一等奖。2004 年主持《西辽河流域优质饲用农作物种植及利用技术开发》项目获内蒙古丰收计划一等奖。2002 年主持《贫困地区旱地覆膜花生高产栽培技

解笑宇

术推广》项目获内蒙古丰收计划一等奖。2001 年主持《优质红干椒高产栽培技术》项目获内蒙古科技承包一等奖。2000 年主持《内蒙古旱地玉米、马铃薯地膜覆盖栽培技术与推广》项目获内蒙古科技承包一等奖。2000 年主持《玉米高产优化栽培管理决策支持系统开发》项目获内蒙古丰收计划二等奖。1991 年主持《哲盟盐碱洗洼地井水种植水稻高产栽培技术》项目获内蒙古丰收计划二等奖。1990 年主持《水稻机械插秧高产栽培技术》项目获内蒙古丰收计划二等奖。1997 年主持《春玉米吨粮田技术》项目获内蒙古丰收计划二等奖。2004 年主持《有机农产品生产关键技术研究和产业化示范》项目获通辽市科技进步三等奖。2003 年主持《蔬菜高产高效栽培技术大面积推广》项目获通辽市科技进步二等奖。2006 年主持《优质饲用农作物种植技术》项目获通辽市科技进步三等奖。2007 年主持《农村可再生能源生态技术模式示范与推广》项目获通辽市科技进步三等奖。2007 年主持《通辽市 A 级绿色农产品水稻栽培技术推广》项目获通辽市科技进步三等奖。2004 年主持《优质饲用农作物种植技术研究与推广》项目。

　　"八五"期间主要从事水稻高产栽培技术项目研究与开发，科研成果推广转化产生经济效益 16 600 万元。"九五"期间主要从事玉米高产科技攻关项目，春玉米吨粮田技术推广，科研成果推广转化产生经济效益 13 000 万元。"十五"期间主持优质红干椒高产栽培技术等技术推广，各项科技成果推广转化产生经济效益 36 300 万元。"十一五"期间。承担国家、自治区良种补贴项目。2005—2007 年共补贴 280.6 万亩，资金 6 163 万元。2007 年 6 月主持农科院百花公司（色素万寿菊）的科研与开发、良种繁育、种子加工等工作。万亩色素万寿菊种植基地建设项目，项目参与时，通辽市周边地区万寿菊种植形成规模化的开发网络，可实现销售收入 2 250 万元，带动面积 20 万亩，地区财政收入 107.25 万元。2008 年主持色素万寿菊基地开发、杂交育种、新品种高产栽培技术、杂交种通菊 1 号审定、千亩高效示范园区亩创 2 000

元经济效益。2013 年至 2015 年主要分管参与蔬菜研究所、向日葵研究所、品种测试站等研究示范工作，并带领培训学校深入基层开展科技培训科技服务工作。

4. 石春焱

石春焱

石春焱，女，汉族，1967 年 8 月出生于内蒙古开鲁县，1990 年毕业于内蒙古农业大学（原内蒙古农牧学院）农学系农学专业，获农学学士学位，2007 年获得农业推广硕士学位，2008 年晋升为研究员。自 1990 年 9 月到通辽市农科院参加工作以来，一直从事作物育种、栽培和新品种推广工作。

参与完成内蒙古自治区"十五"重大科技攻关项目农作物种子科技工程《玉米杂交种选育》，共育成国家审定品种 1 个，自治区审定品种 5 个，此项目获通辽市科技进步一等奖；参加完成《哲单号玉米新品种（哲单 20、21、38、39）及高效种植技术示范推广》项目，2007 年获得了自治区农牧业厅丰收计划二等奖。参加了内蒙古自治区"九五"《主要作物杂交种选育及产业化技术开发》项目，共育成哲单 20、21、38、39 四个杂交种通过自治区审定，获通辽市科技进步壹等奖。2005 年 3 月任高粱研究所所长，主持高粱研究所全面工作。其间任国家高粱产业技术体系通辽综合试验站站长，完成"十一五"通辽综合试验站各项任务。完成国家重点实验室合作项目 1 项；完成通辽市科技计划项目 1 项；完成院设科技攻关项目 1 项；主要选育的高粱新品种 7 个。主持内蒙古高粱品种试验；主持承担国家酿造高粱、能源/青贮高粱、饲草高粱各组别的区域试验。2014 年获内蒙古自治区农牧业丰收计划二等奖 1 项，组建的

"适于机械化作业高粱品种选育与配套技术研究"团队被评为第五届内蒙古自治区"草原英才"工程产业创新人才团队。参与撰写的合著1部,发表论文20余篇。

目前正在承担高粱新品种选育和配套栽培技术研究工作和"十三五"国家高粱产业技术体系通辽综合试验站各项任务。

5. 张春华

张春华,男,蒙古族,1966年10月生,中共党员,大学本科,草原专业,学士学位,研究员,1992年7月毕业于内蒙古民

族大学(原哲里木畜牧学院),工作于通辽市农业科学研究院,先后从事蓖麻、色素作物、糜子、荞麦遗传、育种、栽培研究工作。2002—2003年在中国农业大学研究生院学习。现主要从事荞麦研究、色素万寿菊育种栽培研究工作。

先后承担或主持并完成国家、内蒙古、通辽市各类科研项目20余项。获内蒙古丰收计划一等奖1项(2004)、内蒙

张春华

古科技进步二等奖1项(2007)、三等奖1项(2000),内蒙古科技承包三等奖2项(2000,2002),获"九五"国家重点科技攻关计划重大科技成果奖1项,获通辽市科技进步奖一等奖3项(1998、2003、2006)、二等奖1项(2005),国家农业部优异种质资源奖2项(2001)、蓖麻新品种审定成果3项(2003),中华人民共和国农业行业标准《NY/T1266—2007蓖麻籽》1项,万寿菊新品种1项(2010),荞麦新品种3项:内蒙古认定2个(2014)、国家鉴定1个(2015),主持完成通辽市荞麦产业标准化体系建设项目(鉴定11项)于2014年5月12日通过自治区专家组鉴定,内蒙古农业地方标准《DB15/T951—2016地理标志产

品《库伦荞麦》1 项，2007 年获内蒙古农牧业先进科技工作作者，2008 年被通辽市农科院评为优秀共产党员，2009 年带领的科研团队被通辽市农牧业局授予优秀科研团队，2010 年被通辽市农科院评为优秀干部，2011 年被通辽市农科院评为学习模范，2014 年度带领的科研团队被通辽市农科院授予先进集体，2015 年度被通辽市农科院评为优秀干部。

公开发表学术论文 41 篇，多篇论文获内蒙古、通辽市农学会、科技协会、自然科学优秀论文奖。编写《通辽市农牧业优势特色产业（荞麦分册）标准汇编》，2014 年 6 月完成。参与编写了《通辽市农牧业实用技术问答手册》于 2014 年 9 月由内蒙古出版集团内蒙古少儿出版社出版。

2015 年 10 月参与编写了由通辽市绿化委员会办公室主编的《内蒙古通辽市植物动物真菌名录汇编》。

6. 张桂华

张桂华，研究员，自大学毕业后就扎根于通辽市农科院，从事玉米育种、栽培技术研究。性格热情、真诚、善良、敢作敢为，工作脚踏实地、耐心细致，不辞辛苦，兢兢业业，在玉米育种的材料创新、育种方法改良上都有独到见解。先后参加了自治区"八五"至"十二五"玉米科技攻关项目和发改委等重大科技项目建设，参与国家农业部项目，育成玉米新品种 17 个，完成通辽玉米新品种二代更新任务。获国家科技进步一等奖 1 项、自治区科技进步二等奖 1

张桂华

项、通辽市科技进步一等奖 4 项、自治区丰收计划二等奖 1 项。先后在国家、省级期刊发表论文 20 余篇。

7. 包红霞

包红霞，女，蒙古族，研究员。1969 年 7 月生，1992 年 7 月毕业于内蒙古民族大学农学系草原专业，获农学学士学位。2008 年 6 月获得中国农业大学农业推广硕士学位。

曾参加通辽市及内蒙古自治区"八五""九五""十五"科技攻关项目《特色作物新品种选育及配套栽培技术研究——高粱优质高产新品种选育》研究，分别选育出哲杂 20、26、27 以及通杂 103 等优良新品种，均成为当地生产上的主推品种。参加的内蒙古自然科学基金项目《农学应用基础研究——高粱新型雄性不育系

包红霞

选育》，选育出新型草用不育系 2 份，填补了自治区高粱没有草用不育系的空白。参与完成了国家发改委的高新技术示范项目、科技部的科技成果转化项目、农业部的原原种基地项目和农作物品种区域试验站项目、财政部的农业综合开发项目等多项国家及自治区项目。在公开发表的刊物上发表专业论文 10 余篇。2007 年开始从事沙地生态农业研究，主持的课题有《沙地衬膜农业综合技术研究及产业化示范》和《优质高产抗旱水稻新品种选育》。2011 年 4 月，《沙地衬膜农业综合技术研究及产业化示范》研究成果通过鉴定验收。提出的沙地衬膜农业综合技术规程目前正在通辽市沙区推广应用，还被引进到赤峰、齐齐哈尔和鄂尔多斯等地。该技术集成了新品种及配套栽培技术、节水灌溉技术、机械化造田技术及机械化插秧技术、有机水稻生产技术和富硒水稻生产技术等，充分体现了经济性与生态性的有效结合，各项操作简便、适用，不但深受广大沙区农户欢迎，还吸引了一批投资者来通辽沙区开发建设沙地衬膜水稻基地。内蒙古自治区科技进步二

等奖 1 项，自治区农牧业丰收一等奖和三等奖各 1 项，通辽市科技进步一等奖和三等奖各 1 项，先后被评为自治区优秀科技工作者、通辽市首届行业领军人才、通辽市"十大女经济人物"。

8. 白乙拉图

白乙拉图，男，蒙古族，研究员，1992 年毕业于东北农业大学、现任通辽市农业科学研究院谷（糜）子研究所所长。先后主持、参与选育出哲杂 20、26、27、通杂 103、通杂 125 等高粱新品种，其中哲杂 26、27、125 已通过国家认定。选育出小麦品种有哲麦 7、10，其中哲麦 10 通过国审，选育出特种水稻品种有通特 1、2。

白乙拉图

曾获得国家科技进步一等奖 1 项，通辽市科技进步三等奖两项，通辽市科技扶贫先进个人。并在各种刊物上发表论文 20 余篇。

9. 吴喜春

吴喜春，男，蒙古族，研究员，1956 年出生，1978 年毕业于内蒙古哲里木畜牧学院农学系，农学专业，大学学历。毕业后工作在通辽市农业科学研究院，一直从事农业研究和科研成果开发工作。

1979 年—1984 年参加完成了全国土壤普查工作和哲盟土壤理化性状分析研究，哲盟土壤类型划分标准研究工作；承担了内蒙古科委"七五"期间重点课题"蓖麻新品种选育"项目研究；主持内蒙科委"八五"期间重点攻关课题"蓖麻杂

吴喜春

优利用及新品种选育"研究，并选育出蓖麻新品种"哲蓖三号"；主持内蒙古科委"九五"期间攻关课题"蓖麻杂优利用及新品种选育"项目，选育出蓖麻新品种"哲蓖四号"。该研究成果于1998年获哲里木盟科技进步一等奖；参加完成内蒙古科委重点项目"哲蓖一号高产栽培技术大面积开发研究"，通过研究制定了哲蓖一号高产模式化栽培技术，累计推广面积644万亩，创造效益上亿元，该项目获哲里木盟科技进步二等奖；参加完成"中国农作物种质资源收集保存评价与利用"项目，该项目获2003年度国家科技进步一等奖；参加完成"蓖麻优质、高产、高效生理基础及应用技术研究"项目，该项目2003年获通辽市科技进步一等奖、内蒙古自治区科技进步三等奖；参加国家高技术产业化示范工程项目"内蒙古通辽市优良蓖麻新品种繁育及高技术产业化示范工程"研究，通过研究，完成水浇地蓖麻亩产180 kg的高产栽培模式，创造直接经济效益1.7亿元，2004年该项目获内蒙古自治区农业丰收一等奖；承担农业产业化项目"天然色素万寿菊种植开发"研究，根据万寿菊在通辽地区种植生长发育规律和对气候、土壤、肥料的需求规律，制定出一套高产栽培技术措施在生产中推广应用。

从事农业科研成果转化开发工作，将通辽市农科院培育的作物新品种进行良种良法配套推广，加速通辽地区优良品种的普及，让高产、优质、高效的农作物新品种不断在生产中增产增收，创造效益，推动了通辽市农业粮食产量不断提升。

通过这些年科研工作，也总结了不少经验，掌握了不少新知识，在省级以上学术期刊上发表论文10余篇。

10. 田福东

田福东，男，汉族，1971年12月出生，中共党员，毕业于内蒙古农业大学农学专业，研究员。工作单位为通辽农业科学研究院向日葵研究所。职务为向日葵研究所所长。

1995—2005 年参加完成了内蒙古"九五""十五"蓖麻科技攻关项目及科技承包项目（蓖麻）。2002—2007 年参加完成了农业部行业标准《蓖麻籽》制定项目。2002—2005 年参加完成了科技部科技成果转化资金项目（蓖麻）。2003—2006 年参加完成了国家发改委高技术产业化示范工程项目（蓖麻）。2004—2006 年参加完成了国家自然科学基金项目（蓖麻）。2005 年 9 月至 2008 年参加"内蒙

田福东

古通辽市优良蓖麻新品种繁育高技术产业化示范工程"项目，主要从事蓖麻品种—通蓖 6 号高产、优质、高效栽培模式研究。培育蓖麻新品种 3 个：通蓖 5 号、杂交种通蓖 6 号、通蓖 9 号。2006—2014 年负责通辽市农科院玉米、高粱、蓖麻杂交种生产繁育工作。2015 年至今从事向日葵育种、植保、栽培工作。

2004 年 8 月"优质高产蓖麻新品种及高效种植技术示范推广"获自治区农牧业丰收计划一等奖。"蓖麻杂优利用及新品种选育"项目，2006 年 12 月获内蒙古科技进步二等奖。"蓖麻杂交种通蓖 6 号及配套技术推广"2008 年获内蒙农牧业丰收计划三等奖。"特色小作物良种选育及产业化配套技术—蓖麻杂优利用及新品种选育"，于 2006 年 6 月获通辽市科技进步奖一等奖。

在国家级农业科技期刊发表论文十余篇。

11. 莫德乐吐

莫德乐吐，男，蒙古族，研究员，1971 年 2 月 10 日生，硕士研究生，作物栽培与耕作专业。

多年来，在各级领导的关心和同志们的帮助下，通过自身的不懈努力，取得了显著成就：1994—1998 年参加了内蒙古自治区"九五"科技攻关课题"蓖麻高产、优质、高效生理基础及应用技

莫德乐吐

术研究"，育成蓖麻新品种"哲蓖 4 号"，该品种的育成实现了我国东北蓖麻主产区的第三代品种更新，提高了单产，增加了总产，创造较大的经济效益和社会效益，该项目获得通辽市科技进步一等奖。1999—2001 年参加并主持完成内蒙古科技厅《农作物种子科技工程〈特种水稻新品种引进选育〉》课题，育成水稻新品种"通特一号、通特二号"。2000—2003 年参加主持院课题《红干椒主要病害综合防治技术研究》，课题组通过研究，明确了通辽市红干椒病害种类、发病规律、最佳预防药剂、时间、次数等问题，该项目获通辽市科技进步二等奖。2005—2008 年参加了《蓖麻杂交种通蓖 6 号及配套技术推广》项目，并获得内蒙古自治区农牧业丰收三等奖。参加国家发改委高新技术产业示范工程项目"内蒙古通辽市优良蓖麻新品种繁育高技术产业化示范工程"、国家自然科学基金项目"蓖麻单雌性状遗传规律及利用研究"项目、内蒙古农牧业产业化项目"万亩色素万寿菊种植基地建设项目"，育成国家审定小麦新品种 1 个、内蒙古审定小麦新品种 1 个。2008 年参加了国家公益性行业（农业）专项项目"蓖麻产业技术研究与试验示范"、内蒙古自然科学基金重大项目"蓖麻主要单雌类型的遗传鉴定及质核互作单雌类型的创建研究"及内蒙古专利转化科技计划项目"优质高产抗逆蓖麻杂交种选育——'易识别蓖麻单雌系诱变保持法'专利转化"等项目，育成蓖麻新品种"通蓖 7、8、9、10、11、13"。在省内外核心期刊发表学术论文 20 余篇。

12. 张晋纯

张晋纯，男，汉族，1957 年 11 月 24 日生，哲里木畜牧学院农学本科，研究员。

1979 年到 1981 年在原通辽县参加第
2 次全国土壤普查工作，完成成果汇编。
1981 年 7 月到 1987 年期间，在通辽农科
院土壤肥料研究室工作，完成了玉米、高
粱二项研究成果，汇编于通辽农科院成果
汇编。1988 年到 1990 年 12 月，主要进
行自治区"七五"研究项目中玉米杂交
种、自交系选育研究工作。1991 年到
1995 年，主要进行自治区"八五"攻关
项目《玉米杂优利用及新品种选育》各项

张晋纯

科研工作。1996 年到 2000 年 12 月，主要进行自治区"九五"科
技攻关项目《主要作物良种选育及产业化技术开发（玉米杂交种
选育）》科研工作。2001 年到 2005 年，执行自治区"十五"攻关
项目《农作物种子工程—玉米高产优质杂交种选育》。2006 年到
现在，主要进行"十一五"攻关项目的各项科研工作，中心以主
持自交系选育为主攻科研工作。

参与或主持育成骨干自交系 50 余份，育成哲单 20、21、38、
39，通科 1、3、4、5、6、8，通玉 103 等，通过国家或自治区审
定，其中通科 1 号填补了自治区没有国审品种的空白。科研成果
达到国内同类研究的先进水平、区领先水平。科研工作成效显著，
经常深入基层进行玉米新品种的种植技术宣传，推广种植方法、
模式化栽培技术等，扩大推广面积。育成的品种经过大面积示范
开发，推广面积达到 2 000 万亩，获经济效益 35 万元。

2007 年被评为"内蒙古自治区深入生产第一线做出突出贡献
的科技人员"，受到内蒙古自治区党委、内蒙古自治区人民政府的
表彰奖励。获内蒙古自治区科技进步二等奖 1 项，内蒙古自治区
丰收二等奖 1 项，通辽市科技进步一等奖 3 项。

（二）副研究员

1. 包额尔敦嘎

包额尔敦嘎，男，蒙古族，1973 年 12 月 5 日生，毕业于内蒙古大学生态保护专业，副研究员。

包额尔敦嘎

2003 年参与完成《主要农作物良种选育及产业化技术开发（玉米杂交种选育）》项目。2007 年参与完成《哲单号玉米新品种（哲单 20、21、38、39）及高效种植技术示范推广》项目。2008 年参与完成农作物种子科技工程《玉米高产优质杂交种选育》项目。2010 年参与完成《国审玉米杂交种通科 1 号》项目。2013—2015 年参与完成中央补助地方科技基础条件专项资金项目《玉米育种科研平台建设》。2013—2015 年参与完成内蒙古自治区发改委项目《玉米育种内蒙古自治区工程实验室》。2013—2015 年参与完成通辽市农牧业科技推广项目《通辽市农科院玉米新品种引进推广》。2011 年至今参与国家玉米现代农业产业技术体系通辽综合试验站项目。2012 年至今参与内蒙古自治区院士专家工作站（通辽市通科种业有限责任公司玉米育种与栽培院士专家工作站）项目。2012 年至今参与自治区农牧业科技推广项目《高产优质玉米新品种培育及新品种鉴选、示范推广》。2012 年至今参与内蒙古自治区产业创新人才团队—通辽市玉米选育研究创新团队项目。2014 年至今参与国家 973 计划研究专项《农业动植物增产调控及抗病机制研究（玉米核质互作雄性不育机理研究）》项目。

参与育成并通过审定的玉米杂交种 20 个，分别为：哲单 14、

20、21、33、35、36、37、38、39、40，通玉 103，通科 1、3、4、5、6、8 号，通平 1、118、198，其中主持完成 12 个，通科 1 号玉米杂交种通过国家审定，填补自治区没有国审玉米品种的空白，上述品种累计推广面积达 2 500 万亩，累计增产粮食 10 亿 kg，增加社会效益 15 亿元。

为配合通辽市政府 800 万亩粮食功能区建设，制定《通辽市玉米高产高效种植技术规程》《通辽市玉米节水减肥增效水肥一体化技术》，自 2012 年推广至今，累计推广面积达 2 000 万亩，累计增产粮食 30 亿 kg，增加社会效益 45 亿元。省部级以上刊物发表论文 23 篇。

2. 高丽辉

高丽辉，女，汉族，副研究员，1975 年 5 月 26 日生，大学本科，植物保护专业。

2003 年参与完成《主要农作物良种选育及产业化技术开发（玉米杂交种选育）》项目。2007 年参与完成《哲单号玉米新品种（哲单 20、21、38、39）及高效种植技术示范推广》项目。2008 年参与完成农作物种子科技工程《玉米高产优质杂交种选育》项目。2010 年参与完成《国审玉米杂交种通科 1 号》项目。2013—2015 年参与完成中央补助地方科技基础条件专项资金项目《玉米育种科研

高丽辉

平台建设》。2013—2015 年参与完成内蒙古自治区发改委项目《玉米育种内蒙古自治区工程实验室》。2013—2015 年参与完成通辽市农牧业科技推广项目《通辽市农科院玉米新品种引进推广》。2011 年至今参与国家玉米现代农业产业技术体系通辽综合试验站项目。2012 年至今参与内蒙古自治区院士专家工作站（通辽市通

科种业有限责任公司玉米育种与栽培院士专家工作站）项目。2012 年至今参与自治区农牧业科技推广项目《高产优质玉米新品种培育及新品种鉴选、示范推广》。2012 年至今参与内蒙古自治区产业创新人才团队—通辽市玉米选育研究创新团队项目。2014 年至今参与国家 973 计划研究专项《农业动植物增产调控及抗病机制研究（玉米核质互作雄性不育机理研究)》项目。

参与育成并通过审定的玉米杂交种 20 个，分别为：哲单 14、20、21、33、35、36、37、38、39、40，通玉 103，通科 1、3、4、5、6、8 号，通平 1、118、198，其中主持完成 12 个，通科 1 号玉米杂交种通过国家审定，填补自治区没有国审玉米品种的空白，上述品种累计推广面积达 2 500 万亩，累计增产粮食 10 亿 kg，增加社会效益 15 亿元。

为配合通辽市政府 800 万亩粮食功能区建设，制定《通辽市玉米高产高效种植技术规程》、《通辽市玉米节水减肥增效水肥一体化技术》，自 2012 年推广至今，累计推广面积达 2 000 万亩，累计增产粮食 30 亿 kg，增加社会效益 45 亿元。省部级以上刊物发表论文 22 篇。

3. 贾娟霞

贾娟霞

贾娟霞，女，汉族，中共党员。1979 年出生于乌兰察布市。2003 年毕业于内蒙古民族大学农学院，获学士学位。同年 8 月就职于通辽市农科院蓖麻研究所，主要从事蓖麻新品种选育、高产栽培及新技术研究推广开发工作。2005 年 9 月考入内蒙古民族大学农学院攻读作物栽培学与耕作学硕士，2008 年 7 月毕业并获农业硕士学位。2011 年 7 月任蓖麻研究所副所长，2014 年 5 月聘任为副研究员。

参加工作以来，一直从事蓖麻恢复系及雌性系选育、测交种配制、蓖麻新品种选育、及蓖麻生理基础研究、高产栽培技术研究及新技术的推广开发的科研工作。参加的项目有国家科技部重大科技成果转化资金项目、国家自然科学基金项目、财政部农业开发项目、国家重点科技成果推广计划项目、国家公益性行业（农业）科研专项、国家航天育种工程、自治区"十五"、"十一五"科技攻关项目、自治区自然科学基金项目、通辽"十一五"、内蒙古自治区重大自然科学基金项目、内蒙古专利转化科技计划项目、通辽市科技计划项目等15项，其中有11项已按照计划圆满完成，并顺利结题。

参加完成的科研课题《优质高产蓖麻新品种及高效种植技术示范推广》获2004年内蒙农牧业丰收计划一等奖、《蓖麻杂交种通蓖6号选育及配套技术推广》于2008年获自治区农牧业丰收三等奖、《特色小作物良种选育及产业化配套技术研究—蓖麻杂优利用及新品种选育研究》2006年获通辽市科学技术进步一等奖。获实用新型发明专利1项，育成了蓖麻杂交种通蓖7号、通蓖8号、通蓖9号、通蓖10号4个高秆蓖麻杂交种和通蓖11号、通蓖13号2个矮秆蓖麻杂交种。在省级以上刊物上发表学术论文20余篇，参与编写专著2部，硕士学位论文《种植密度对矮化蓖麻品种产量及其群体光和性能影响的研究》被评为优秀毕业论文摘录到中国知网。

4. 何智彪

何智彪，男，汉族，1980年10月出生于甘肃省通渭县，中共党员，大学本科学历，农业推广硕士学位，副研究员。现任通辽市农业科学研究院蓖麻研究所所长。自参加工作以来，一直工作在农业科研、生产第一线，从事蓖麻新品种选育和

何智彪

高产栽培技术、蓖麻单雌性状遗传规律研究、蓖麻新品种示范、推广和大面积开发的研究工作。

承担并完成了国家、自治区、通辽市项目 14 余项，其中国家农业科技成果资金转化项目 2 项、农业综合开发利用项目 2 项、国家自然科学基金项目 1 项、国家公益性行业（农业）科研专项 1 项，自治区自然科学基金 2 项、专利转化项目 1 项。参与或主持育成审定蓖麻杂交种 6 个，其中：高秆品种 4 个（通蓖 7 号、通蓖 8 号、通蓖 9 号、通蓖 10 号）、矮秆品种 2 个（通蓖 11 号、通蓖 13 号），上述品种仅在 2011—2014 年在内蒙古通辽市及其周边地区累计推广 288.7 万亩，生产优质蓖麻籽 51 050.61 万 kg，新增总产量 7 908.20 万 kg，新增总产值 42 704.68 万元，新增纯效益 33 409.63 万元，取得了显著的经济及社会效益。通过这些品种的开发推广，完成了我国北方蓖麻主产区第 5 次品种更新，实现了蓖麻品种应用两次大的飞跃，即：从应用常规种到杂交种，从应用高秆品种到矮秆品种。

参与完成的项目"优质高产蓖麻新品种及高效种植技术示范推广"获内蒙古自治区农牧业丰收计划壹等奖、"蓖麻杂交种通蓖 6 号及配套技术推广"获内蒙古自治区农牧业丰收计划叁等奖、"特色小作物良种选育及产业化配套技术研究—蓖麻杂优利用及新品种选育研究"获通辽市科技进步壹等奖、"通蓖系列蓖麻品种及

高效种植技术"获通辽市适用技术推广应用奖。获国家实用新型发明专利 1 项，参与编写蓖麻专著 3 部，发表科技论文 30 余篇。

5. 邓志兰

邓志兰，女，汉族，1978 年 8 月出生于内蒙古锡林郭勒盟，中共党员。2002 年 7 月毕业于内蒙古农业大学农学院植物

邓志兰

保护专业，并获得农学学士学位。2013 年获得农业推广硕士学位，2015 年晋升为副研究员。

自 2002 年 9 月进入内蒙古通辽市农科院工作，至今主要从事高粱新品种选育和高产栽培技术、新品种示范推广、大面积开发及植保研究工作。对高粱种质资源进行收集、整理、引种和选育。

先后承担和完成自治区"十一五"重大科技攻关项目、内蒙古财政农牧业产业化项目、农业部公益性行业项目、自治区"十一五"科技攻关项目、通辽市"十一五"科技攻关项目、通辽市科技计划项目、国家"十一五""十二五"农业部高粱现代农业产业技术体系项目、公益性行业科研专项"国家作物品种区域试验"、内蒙古作物品种区域试验、中国农业大学和内蒙古民族大学合作项目研究等 11 个项目。

参与育成并通过审定的高粱杂交种有通杂 108、通杂 120、通甜 1、通杂 130、通杂 126、通杂 136、通早 2 等，参加完成了"高粱通杂 108 及机械化高效栽培技术推广"研究，获 2014 年内蒙古自治区农牧业丰收计划贰等奖，参加"高粱新型恢复系吉 R105 和吉 R107 创制与应用"研究获 2013 年吉林省科技进步二等奖。所在的科研团队被内蒙古自治区组织部评为第五届"草原英才"工程产业创新人才团队，目前正在承担高粱新品种选育和"十三五"国家高粱产业技术体系通辽综合试验站病虫害防控工作，省部级以上刊物发表论文 20 余篇。

6. 王东

王东，男，汉族，副研究员。1980 年 5 月出生于辽宁省昌图县，2003 年 6 月毕业于中国农业大学遗传育种专业，取得学士学位。同年 7 月至通辽市农业科学研究院玉米研究所从事玉米育种工作。

王东

2008年任玉米研究所副所长。

自参加工作以来，一直工作在农业科研、生产第一线，主要从事玉米新品种选育和高产栽培技术研究工作。在玉米新品种选育及高产栽培技术研究上贡献了自己的力量。共参与育成玉米新品种9个，其中8个品种通过内蒙古自治区品种审定委员会审定，"通科1号"玉米杂交种通过国家品种审定委员会审定，填补了自治区国审玉米品种的空白。参与育成的玉米品种累计推广面积1 000多万亩，增产粮食近4亿kg，增加社会效益1.8亿元。

截至目前已参与并完成"十五"内蒙古自治区重点攻关项目《主要农作物新品种选育及产业化技术开发》课题研究工作，承担并参与内蒙古自治区科技厅科技型中小企业创新基金项目《优质高产抗逆高淀粉玉米杂交种选育及产业化配套技术研究》及《高产、优质、抗病玉米杂交种选育》课题，国家"973"前期专项《玉米核质互作雄性不育机理研究》项目主要参与人。

2007年9月参与的《哲单号玉米新品种（哲单20、21、38、39）及高效种植技术示范推广》项目荣获内蒙古自治区农牧业丰收贰等奖。2010年5月《国审玉米杂交种——通科1号》获得通辽市科技进步壹等奖。

总结经验，不断学习和探索新的育种方法和手段，先后将标签化管理、网络化测试技术、计算机管理技术、单倍体育种技术等应用到育种实践中，不断提高工作质量和效率。

7. 张智勇

张智勇

张智勇，男，汉族，1979年出生，农业推广硕士，通辽市农业科学研究院副研究员。2003年7月毕业于内蒙古民族大学农学院，同年7月到通辽市农业科学研究院百花公司工作，2005年调入蓖麻研究所工作，2016 年调入农业生物技术工程实验室工作，任实验室副主任。2010 年 9 月至 2013 年 6 月在内蒙古民族大学农学院生物技术专业攻读硕士，并获得硕士学位。2010 年晋升为助理研究员，2016 年晋升为副研究员。

2003—2005 年从事侧金盏花的栽培、药剂防治试验，负责与中国农业大学开展侧金盏花病害防治的具体实施工作。承担了内蒙古财政农牧业产业化"色素万寿菊种植基地建设"项目。

2005—2016 年从事蓖麻遗传育种、高效栽培技术、生理生化和分子标记辅助育种研究工作。先后承担了国家农业部公益性行业专项、国家自然科学基金项目、国家发改委项目、国家科技部科研成果转化项目、内蒙古中小企业科技创新基金项目、内蒙古重大自然科学基金项目和内蒙古自然科学基金面上项目等 20 项，17 项按计划圆满完成各项任务，并顺利通过验收。2015 年主持了内蒙古农牧业科学院青年创新基金项目——"不同株高蓖麻品种群体的茎秆形态、解剖结构与抗倒伏关系的研究、2015QNJJN14"，目前按计划正在实施。

2008 年国家重点科技成果推广计划项目"蓖麻杂交种通蓖 6 号及配套技术推广"获内蒙古自治区丰收计划三等奖。育成了蓖麻杂交种通蓖 7 号（2011 年）、通蓖 8 号（2013 年）、通蓖 9 号（2011 年）、通蓖 10 号（2013 年）、通蓖 11 号（2014 年）、通蓖 13 号（2014 年），授权国家实用新型专利 2 项。参与编写《蓖麻研究文集》于 2014 年 11 月出版；在省级以上刊物上发表学术论文 30 余篇，其中 1 篇被 SCI 收录。

8. 杨凤玲

杨凤玲，女，汉族，副研究员，1973 年 2 月 3 日生，本科，农学专业。

2003 年参与完成《主要农作物良种选育及产业化技术开发（玉米杂交种选育）》项目。2007 年参与完成《哲单号玉米新品种

杨凤玲

（哲单 20、21、38、39）及高效种植技术示范推广》项目。2008 年参与完成农作物种子科技工程《玉米高产优质杂交种选育》项目。2010 年参与完成《国审玉米杂交种通科 1 号》项目。2013—2015 年参与完成中央补助地方科技基础条件专项资金项目《玉米育种科研平台建设》。2013—2015 年参与完成内蒙古自治区发改委项目《玉米育种内蒙古自治区工程实验室》。2013—2015 年参与完成通辽市农牧业科技推广项目《通辽市农科院玉米新品种引进推广》。2011 年至今参与国家玉米现代农业产业技术体系通辽综合试验站项目。2012 年至今参与内蒙古自治区院士专家工作站（通辽市通科种业有限责任公司玉米育种与栽培院士专家工作站）项目。2012 年至今参与自治区农牧业科技推广项目《高产优质玉米新品种培育及新品种鉴选、示范推广》。2012 年至今参与内蒙古自治区产业创新人才团队—通辽市玉米选育研究创新团队项目。2014 年至今参与国家 973 计划研究专项《农业动植物增产调控及抗病机制研究（玉米核质互作雄性不育机理研究）》项目。

参与育成并通过审定的玉米杂交种 20 个，分别为：哲单 14、20、21、33、35、36、37、38、39、40，通玉 103，通科 1、3、4、5、6、8 号，通平 1、118、198，其中主持完成 12 个，通科 1 号玉米杂交种通过国家审定，填补自治区没有国审玉米品种的空白，上述品种累计推广面积达 2 500 万亩，累计增产粮食 20 亿斤，增加社会效益 15 亿元。为配合通辽市政府 800 万亩粮食功能区建设，制定《通辽市玉米高产高效种植技术规程》《通辽市玉米节水减肥增效水肥一体化技术》，自 2012 年推广至今，累计推广面积达 2 000 万亩，累计增产粮食 30 亿 kg，增加社会效益 45 亿元。省部级以上刊物发表论文 15 篇。

二、平台建设

（一）玉米研究所

建院 60 多年以来，通辽市农科院玉米育种研究水平始终走在内蒙古自治区前沿，已达到全国先进水平。现有科技人员 9 名，其中高级职称 3 人、中级职称 4 人、初级职称 2 人，人员齐整，年龄结构合理。

在玉米育种研究上，以玉米杂优利用与杂种模式的常规育种研究为技术路线，以耐密、高产、适宜全程机械化玉米杂交种选育为育种主攻目标，开展种质资源筛选、鉴定、改良与创新，新品种培育、推广应用及配套高产高效栽培技术集成的工作。现已筛选、鉴定、鉴别保存 3 000 多份玉米品系资源，为以后的育种研究工作储备了丰富种质资源。在玉米育种和栽培方面已取得研究成果 42 项，其中科技进步奖成果 16 项，鉴定、审定并命名成果 22 项。选育、引进推广品种 48 个，累计推广面积近 1.2 亿亩，增产玉米近 36 亿千克，纯增效益 32.5 亿元。从"七五"开始，"八五""九五""十五""十一五"期间连续承担了自治区科技攻关项目《高产、优质玉米杂交种选育》课题。完成课题期间，先后育成黄莫 417、哲单 7（内单 4）、哲单 14（蒙单 5）、哲单 20、哲单 38、哲单 39、通科 1、4、5、6、8 等一系列杂交种。其中大家耳熟能详的黄莫 417 一直种到 20 世纪 90 年代中后期；哲单 7 号在内蒙古西部区至今还是主推品种；高淀粉玉米杂交种哲单 14 和哲单 20 占据了当时通辽玉米种子市场 70% 左右的份额。尤其是在"十五"期间新育成的通科 1 号填补了自治区无国审玉米品种的空白，是自治区第一个国审品种，现已成为东三省中早熟玉米种植区域的更新换代主要品种之一。"十二五"期间选育出高产、耐密、多抗适宜全程机械化玉米新品种通平 1、118、198，现正在大面积推广示范种植。

（二）蓖麻研究所

通辽市农科院在蓖麻研究上已有 60 余年的历史，早在 20 世纪 50 年代就已承担我国北方蓖麻种质资源的收集、整理、保存工作。1980 年成立蓖麻研究室，1995 年由内蒙古科委批准成立内蒙古蓖麻研究中心，2013 年由内蒙古科技厅批准成立内蒙古自治区蓖麻工程技术研究中心。主要进行蓖麻遗传育种、生理栽培技术的研究和推广。现有从事蓖麻研究的科技人员 7 人，其中：高级职称 5 人、中级职称 2 人，有 5 人为硕士研究生，在蓖麻研究领域中技术力量雄厚、研究实力较强。

先后承担并完成了国家、自治区、通辽市项目 30 余项，其中：国家高新技术 2 项、国家自然科学基金 1 项、科技成果转化项目 2 项、农业综合开发利用项目 3 项；获国家科技进步奖 1 项、内蒙古科技进步奖 3 项、丰收计划奖 2 项、科技承包奖 2 项、自治区级鉴定成果 3 项、通辽市科技进步奖 6 项；发表科技论文 110 余篇，获国家发明专利 1 项、国家实用新型专利 1 项。

利用 LM 型雌性系列创建了蓖麻"一系两用/两系法"杂优利用技术，建立了高秆、矮秆两大蓖麻杂交种选育体系及其标雌系、恢复系四大选育基础群体，为选育优质、高产、抗逆的蓖麻杂交种奠定了基础；育成适应通辽市及周边地区的蓖麻品种 12 个，其中近 5 年来育成高秆杂交种 4 个、矮秆杂交种 2 个。通过品种的开发推广，完成了我国北方蓖麻主产区的 5 次品种更新，实现了我国北方蓖麻主产区蓖麻品种两次大的飞跃，即：从常规种到杂交种，从高秆品种到矮秆品种；研究出适合通辽市及其周边地区的优质高产高效栽培技术和机械化生产技术，建立蓖麻病虫害防控体系，筛选出蓖麻专用除草剂。

目前承担的项目有国家公益性行业（农业）科研专项、农业科技成果转化项目、高新技术项目、航天育种工程项目；内蒙古自治区自然科学基金重大项目、"草原英才"工程项目、专利转化科技计划项目；通辽市科技计划项目。

蓖麻研究所立足于我国北方蓖麻主产区的优势基础，以培育名、优、特蓖麻新品种及其高产高效栽培技术为目标，结合节本增效的蓖麻轻简化生产技术，探讨蓖麻产业化发展模式，为我区蓖麻生产提供技术支撑和服务，进而推动全区乃至全国蓖麻产业的健康持续发展。

（三）高粱研究所

通辽市农科院的高粱研究始于 20 世纪 50 年代，已经走过 50 多年的辉煌历程。目前高粱研究所主要从事高粱新品种选育与高产、高效栽培技术研究和推广。现有专业技术人员 6 人，其中具有高级职称研究人员 2 人，中级职称 3 人，高级工 1 人。高粱研究所始终坚持以市场需求为导向，为生产提供科技服务，引领产业发展。到目前为止，连续主持并承担着国家和地方重点攻关项目，共取得科研成果 40 项；其中育种 16 项、引种 14 项、栽培 10 项，有 10 项成果分别荣获国家农业部、自治区政府、通辽市政府的奖励。

2008 年高粱科研团队正式进入国家现代农业产业技术体系，承担国家高粱产业技术体系通辽综合试验站任务。先后完成高粱高产高效种植、病虫草害的防治、机械化配套栽培等各类技术多项。选育、筛选出高产优质新品种 10 多个，并开展高效栽培技术配套研究。在高粱主产区开展试验示范并大面积推广优良品种 80 多万亩。为当地产业发展提供指导性意见，为高粱产业的稳定发展提供技术支撑。

"高粱通杂 108 及机械化高效栽培技术推广"成果 2014 年获

内蒙古丰收计划二等奖；组建的"适于机械化作业高粱品种选育与配套技术研究"团队被评为第五届内蒙古自治区"草原英才"工程产业创新人才团队；"早熟酿造高粱杂交种通杂 126 及配套高产高效栽培技术"被推荐为农业部"2014 年全国集中连片区农业实用品种和技术"，为偏远山沙两区土地的高效利用提供了技术支撑。高粱研究所一直以来主持内蒙古高粱品种试验，承担国家春播早熟组、饲草组、能源组高粱品种试验，承担国家、内蒙古小麦、大麦品种试验。

高粱研究所致力于高粱优质、高产、抗逆新品种选育及高产高效栽培技术研究，代表性品种有内杂 5、哲杂 26、哲杂 27 和通杂 125、通杂 103 以及新品种通杂 108、通杂 120、通杂 130、通杂 126、通杂 136、通早 2、通甜 1 等。从酿造高粱到能源甜高粱都深受农户欢迎，在通辽及周边地区得到了极大的推广应用，累计创社会效益 120 亿元以上，为产业发展农民增收提供有力技术支撑和科技服务。

近年来先后在通辽市科尔沁区、开鲁县、扎鲁特旗、科左中旗、库伦旗、奈曼旗等地建立了示范基地 2000 余亩，示范推广新品种、新技术，带动周边，及时将最新科研成果转化为生产力。目前高粱研究所根据市场需求，将科研重点放在酿造高粱、饲用高粱和能源甜高粱新品种选育及配套栽培技术研究的方向上，紧跟产业需求，做好科技服务。主要选育高产抗逆适宜机械化作业的早熟高粱新品种；选育高赖氨酸、低单宁高转化率的饲用高粱新品种；选育含糖量高、高产抗倒伏的能源甜高粱新品种。配套集成机械化作业高产高效栽培技术和病虫草害防控技术，为全市高粱生产提供技术支撑和服务。

（四）蔬菜研究所

通辽市农业科学研究院蔬菜研究所成立于 2009 年，是通辽市负责蔬菜育种、示范、推广的科研单位，具有强大的科技推广能力和杰出的人才队伍，拥有高级职称 1 人、中级职称 2 人，初级职称 2 人，硕士研究生 3 人，在读博士研究生 1 人，在解决通辽市园艺作物发展的方向性、关键性重大科技问题以及引领我市农业科学技术发展方面发挥着重要作用。研究所拥有试验基地 25 亩，其中现代化日光温室 5 栋，现代化育苗温室 1 栋，塑料大棚 4 栋。科研工作根据市委市政府的部署要求，由院里统一管理，承揽着红干椒新品种的选育、高产高效优势栽培标准的制定等一系列的科研攻关工作。同时，在辣椒新品种选育、番茄新品种、十字花科作物新品种选育、甜瓜类新品种选育上开展相关的科研工作。在优新品种、高新设备引进展示方面，通过现代化的栽培管理方式结合先进的设备向我市蔬菜种植户展示了国内及国外名优新特的蔬菜品种及管理模式，引领通辽市蔬菜产业的发展方向。在其他方面，开展适宜现代化都市休闲生活的无土栽培技术、家庭阳台蔬菜种植技术、高效水培蔬菜技术、温室高效蔬菜全方位立体种植模式、日光温室越冬节能增温技术、不同科属作物套种、间种高产高效栽培模式、生物秸秆反应堆技术等一系列技术模式的开发研究工作。对外承接蔬菜新品种、新技术、优质农药肥料、高新温室设备等方面的展示示范；承接各类蔬菜、花卉、果树等苗木的育苗工作。

（五）荞麦研究所

荞麦研究所成立于 2007 年，是专门从事荞麦育种、栽培、服务于一体的技术型研究部门，多年来始终坚持荞麦基础研究及基础理论研究，积累了丰富的经验和扎实的理论基础，现有科研人员 3 人，试验区队长 1 人，其中研究员 1 人，中级职称 2 人（硕士研究生）。

荞麦研究所成立以来，先后承担了国家燕麦荞麦产业技术体系项目；国家农业部荞麦第十、十一轮区域试验、生产试验项目；主持内蒙古荞麦区域试验、生产试验项目；主持通辽市荞麦产业标准体系建设项目；已与国家级荞麦育种研究中心、内蒙古农业大学、库伦旗政府、相关企业建立了长期合作关系。2013 年通荞1 号通过内蒙古农作物品种审定委员会认定；2014 年通荞 2 号、通苦荞 1 号通过内蒙古农作物品种审定委员会认定；2015 年通荞1 号通过国家鉴定；并制定了简便、实用、操作性简易的高产高效栽培及标准化栽培技术；主持完成从"田间"到"餐桌"，全程、全链条完善的荞麦产业标准体系，制定通辽市农业地方标准11 项，于 2014 年 5 月 12 日通过专家组鉴定现已发布实施。内蒙古地方标准《DB15/T951－2016 地理标志产品　库伦荞麦》于2016 年 3 月发布实施。

荞麦新品种的育成和推广应用，在本地区及内蒙古也是一大历史性突破，改变了本地区及内蒙古荞麦品种混杂、退化现象，其技术居国内先进、区内领先水平。这一技术的应用，对通辽市乃至内蒙古荞麦产业的发展具有重要的意义。利用野生荞麦与不同生态类型的栽培甜荞麦、苦荞杂交，多倍体育种、甜荞自交、易脱壳苦荞选育等方法构建杂优利用框架，为荞麦遗传育种研究探讨新方法，最终实现荞麦杂优利用，彻底解决制约荞麦产量核心技术问题。

（六）水稻研究所

水稻研究所成立于 2008 年，是专业研究沙地生态农业综合技术的研究机构，目前主要从事经济治理沙地的综合技术研究，包括沙地种植作物种类研究、沙地节水灌溉技术研究、沙地机械化造田技术研究、沙地生态种养模式研究等。现有专业技术人员 6 名，其中具有高级职称研究人员 1 名。

水稻研究所成立以来，先后承担了《沙地衬膜农业综合技术研究及产业化示范》和《优质高产抗旱水稻新品种选育》课题，致力于提高沙地水稻品质和单产、沙地有机水稻和生态米生产技术研究、沙地节水灌溉研究、沙地富硒水稻生产技术研究、沙地生态农业机械化技术研究，提出了一套简便、适用的沙地衬膜农业综合技术规程，目前正在通辽市沙区推广应用，深受用户欢迎。该成果 2011 年 4 月通过鉴定，鉴定意见认为，该研究对今后沙漠农业产业化发展具有重要作用。目前水稻研究所正在与内蒙古亿利新中农公司开展合作，拟在沙地生态农业领域探索更加高产、高效、节水、轻简化的综合技术。

水稻研究所以经济治理沙地为目标，以集成新品种选育、高产栽培技术、病虫害综合防治技术、沙地节水灌溉等技术为手段，注重经济性与生态性相结合，构建 1＋N 沙地生态农业模式，为我国沙地经济治理提供有效的技术支撑。

（七）谷（糜）子研究所

谷（糜）子研究所成立于 2015 年，是专门从事谷子、糜子研究的技术部门。通辽农科院谷子糜子研究历史悠久，自 20 世纪 50 年代开展新品种选育和高产高效栽培技术研究，并选育出哲谷 1 号到哲谷 9 号，红糜子、黑糜子、白糜子、黍子大枝黄等新品种，为当时的粮食增产做了巨大贡献。哲谷 8 号和哲谷 9 号曾获得过内蒙古政府一等奖和三等奖。在杨立峰、袁金海等老一辈农业科研人的努力下，通辽农科院的谷子糜子研究积累了雄厚的技术和物质基础，进入 20 世纪 90 年代后随着国内国际市场的变化，谷子糜子研究遇到空前低谷，但科研人员没有松懈动摇，坚持进行谷子糜子品种选育和栽培技术研究，为成立谷（糜）子研究所奠定了坚实的基础。目前新成立的谷子研究所主要从事谷子糜子优质高产抗旱新品种选育和高效高产节水栽培技术研究等工作。

通辽市谷子种植面积约有 35 万亩，分布在扎鲁特、开鲁、奈曼、库仑等旗县。目前市场上主推的谷子品种为张杂谷5、张杂谷6及通谷1号、大金苗、赤谷16等品种。糜子种植面积约有10万亩，分布在左中、库伦、奈曼等地，目前主要以当地农家品种为主，其特点是产量低、抗逆性差、栽培方法不当，急需完善种质资源及高产高效栽培技术。

通辽市农科院谷（糜）子研究所目前拥有200多份谷子资源及100多份糜黍资源，2015年"通谷1号"品种通过内蒙古自治区品种审定委员会审定，是一个高产、稳产、优质、抗逆性强、适应性广的优良谷子品种，其产量可达350~400 kg。另外有通谷2号、通糜1号、通黍1号等新品种正在准备推广。

谷（糜）子研究所主要以高产优质抗逆谷子糜子新品种及配套的高产高效节水栽培技术、病虫害防治研究为主。筛选适合当地种植的谷子糜子品种，最终为农业结构调整、提高农民收入提供技术支撑。

面对国家全面加强科技创新和种植结构调整的关键时期，谷（糜）子研究所将立足通辽市，以谷子、糜子、黍子等作物的技术创新为切入点、让通辽地区谷子糜子产业推向全区及全国前沿。

（八）向日葵研究所

通辽市农业科学研究院向日葵研究所成立于2015年，是全市唯一的开展向日葵育种、引种、品质分析、耕作栽培、病虫害防治研究的专业所。

通辽地区向日葵播种面积最近几年逐渐扩大，效益连年增长，已经成为农村经济增长的又一主要农作物。向日葵耐盐碱、耐贫瘠，管理省时省工，投资小。在山坡、轻盐碱、坨沼地都能生长，所以非常有发展潜力。

在品种选择上目前还处于测试期。由于近年来向日葵播种面积的扩大，个别品种产量和商品性表现不错，但是由于株高偏高，抗倒伏能力差，重茬播种容易导致大面积发生菌核病，并造成减产。个别品种由于其他因素表现各异。

向日葵研究所今后研究方向以高产、耐密、抗病向日葵杂交种选育为育种主攻目标，加大新品种高产栽培试验研究，针对通辽不同区域不同土质的盐碱地、山坡地、坨沼地开展高产栽培技术试验示范，加快新品种引进试验示范，尽早筛选出适应通辽地区的新品种。

（九）食用豆研究所

食用豆研究所成立于 2015 年，前身是作物研究所豆类育种栽培课题组。现有科技人员 3 名，其中，副研究员 1 名。自成立以来致力于绿豆、小豆、豇豆、大豆等食用豆种质资源收集鉴定、品种选育、品种改良、新品种配套栽培技术研究与推广等工作。承担国家食用豆产业技术体系试验课题、国家大豆产业技术体系试验课题、自治区大豆、绿豆和小豆区域试验、生产试验等研究项目。

通辽市是内蒙古自治区大豆和绿豆的主产区之一，大豆常年播种面积 5 万亩左右，绿豆 30 万亩，其他杂豆 20 万亩。大豆种植面积零散各旗县均有。绿豆、小豆主要以扎鲁特地区种植面积最多。由于种植产量低、比较效益差，种植方式落后、重茬影响严重等问题，市场波动较大，农户种植积极性不高，豆类种植面积逐年降低，是豆类发展的重要瓶颈。

研究所围绕食用豆和大豆种质资源利用和品种改良研究及配套应用技术开发等开展了细致的工作。积极承担两大产业技术体系的科研任务，努力做到高标准，即：大豆产业技术体系和食用豆产业技术体系；对外合作交流上，走出去，引进来，积极与高校、企业和国家级省级科研院所开展交流合作，将先进的科研技术引进来，优化本地区栽培技术服务农户、服务企业；结合通辽市豆类种植结构，耕作方式，气候特点，制定以绿豆和小豆品种品质选育为主，以大豆、绿豆和其他杂豆高产优化栽培技术为突破点，探寻适合当地豆类与其他作物的轮作、复种、间混套种最优种植模式。

为拓宽种质资源，计划 3～5 年内每年引入豆类优势资源 50～100份，筛选优势豆类材料 5～10 份，力争 3～5 年选育 3～8 个新品种，制定适合通辽地区绿豆、大豆配套栽培技术。

（十）万寿菊研究所

万寿菊研究所成立于 2004 年，是专门从事色素作物研究、推广、服务于一体的技术型部门。保存色素万寿菊资源 200 余份，侧金盏花资源百余份，现有科研人员 3 人，其中研究员 1 名、中级职称 2 人（硕士研究生）。

先后主持承担了"通辽市科技计划项目—侧金盏花新品种引育及栽培技术研究"、"内蒙科技计划项目—优质、高产、抗逆色素万寿菊高产、高效种植新技术推广"、"通辽市农科院自选项目—优质、高产、抗逆色素万寿菊杂交种选育及高效栽植新技术研究"。通过研究在杂优利用上取得了创新性的成果，在本地区首次发现并育成了色素万寿菊雄性不育系，明确了色素万寿菊雄性不育遗传属隐性核遗传，其不育性状由 1 对隐性核基因控制，理论上不育率最高为 50%。提出了"一系两用、两系法"的杂优利用途径，并于 2010 年培育出了优质、高产、抗逆的新杂交种"通菊一号"，区试平均亩产 4 290.4 kg，比对照平均增产 24.8%，叶黄素含量 25.4 ‰。该技术在本地区尚属首创，填补了本地区研究技术领域的空白，完善了配套的育苗技术、高产高效栽培技术及杂交制种技术研究。在侧金盏花研究上，通过试验已选育出平均花径达 3 cm 以上、抗病性较强的新品系 1 个，平均亩产可达 150 kg 以上。已筛选出防治效果最佳的药剂及使用方法，侧金盏花病害防效达 90% 以上的药剂，解决了生产中"两难"的问题"一是出苗，二是病害"，通过不同土质、播期、播量、施肥量等研究，已优化出亩产 125 kg 以上的模式化栽培措施。公开发表学术论文19 篇。

（十一）植保研究所

植保所坚持贯彻"预防为主，综合防治"的植保方针，牢固树立"公共植保、绿色植保、科学植保"的植保理念，充分发挥植保安全保障职能作用，狠抓病害、虫害、草害、药害，做好预测预报，为农业生产及环境安全提供科技支撑。

植保所现有成型入标本盒标本共计 178 个，包括鞘翅目的金龟子、苏氏步甲和蝼蛄，鳞翅目的蝴蝶，半翅目的椿象，直翅目有蝗虫、螽斯、蟋蟀和蝼蛄，蜻蜓目有蜻蜓，蜘蛛目的蜘蛛。

准备建立植保标本室，标本室以病害标本和虫害标本两项为主。标本室建筑面积预计在 80～100 ㎡，所需的标本手摇移动柜，各类器皿，药水，工具，杀菌设备，木质标本盒，展示柜等配备齐全。

利用 3 年时间学习预测预报技术，提前做好半个月内的天气预测，关注越冬螟虫、地下害虫、蝗虫等进入活跃期，做好监测提前防治，为今后能提供准确度高的预测预报提供技术储备。

（十二）农业品种测试站

通辽市农业科学研究院品种测试站成立于 2012 年，测试站现有高标准试验用地 500 余亩，试验土地地势平坦，肥力上等、均匀，全部安装低压管灌与大型自走式喷灌设备。主要对外承接玉米、高粱、大豆、向日葵、蓖麻、小麦等作物，可承担"国家绿色通道试验"、初高级产比试验、鉴定试验、展示示范试验。所有品种测试试验有专业试验员负责完成，严格按照试验方案进行所有田间调查和室内考种，年终及时提供准确无误的试验总结。

拥有整地、播种、田间管理等各种大、中、小型农机，并配有专职司机。拥有自动气象设备，能提供即时气象资料及全年气象资料。拥有多台计算机平台，能够及时处理各项试验数据，准确无误的提供试验结果。

从播种到收获考种，可全程标签微机管理，速度快、准确无误。玉米果穗脱粒测产可采用 GPH 小区测产系统。

可承担玉米"国家绿色通道试验"、配合力早代测试、产量鉴定、初高级产量比较试验、鉴定试验、展示示范试验。

现有研究员、副研究员和高级农艺工各 3 人。

（十三）农业生物技术工程实验室

农业生物技术工程实验室成立于 2014 年，前身是质检中心，是以农业基础检测和生物技术基础研究与应用的服务农业科研的综合性实验室，占地面积约 600 m^2，共 6 层。设有植物病理室、土壤肥料室、生物技术室、植物组培室等，拥有可供开展植物常规育种技术研究和农业生物技术研究的仪器 100 多台，其中大型精密仪器有凝胶成像分析系统、$-80℃$ 超低温冰箱、电转印系统、荧光定量 PCR 仪、高速冷冻离心机、荧光正置显微镜、人工气候箱、高效液相色谱、蛋白纯化仪、原子吸收分光光度计、酶标仪、叶面及根系图像分析系统、智能生化箱等，仪器设备资产超过 1 000 万元，为各研究单位提供了重要的硬件支撑。

作为一个综合类开放性实验室，不仅有农业基础研究的土壤肥料、植物病理和生理生化检测平台，而且更拥有农业生物技术基础和应用研究平台的组织培养和分子辅助育种，现有"内蒙古自治区蓖麻工程技术研究中心"和"内蒙古自治区玉米工程技术研究中心"两大个课题组开展研究。实验室也为玉米研究所、蓖麻研究所、高粱研究所、荞麦研究所、向日葵研究所等研究单位的国家级项目、自治区级项目和自主科研项目等提供了试验检测平台。

实验室遵循"联合、竞争、开放、交流"的运行机制，以知识创新和技术创新为根本，重视高素质和创造性人才队伍建设，着力营造浓厚的学术氛围和优良的学术环境，加强学术交流，突出自身特色和优势，力争取得一批具有国家先进水平或具有重大经济和社会效益的科研成果，把实验室建设成为自治区农业生物技术领域的先进重点实验室。

三、现代农业科技园区

（一）现代农业科技园区建设

通辽市农科院以"做强品牌，做活转化，拉动产业，惠及农民"为首瞻，结合全市"科技高产、生态节水、循环发展"的现代农业发展思路，经过科学规划，合理布局，经自治区科技厅批准建设并认定，通辽市现代农业科技园区的现代化格局基本成型。

科技园区占地 2 000 亩，共分为 10 个作物园，每个作物园内又分别划分为若干个试验示范区，主要开展玉米、蓖麻、高粱，荞麦、万寿菊、水稻、杂粮杂豆、蔬菜等作物新品种研发及配套栽培技术研究、集成与示范；同时承担国家玉米，高粱，荞麦产业体系试验研究以及国家东北、东华北春玉米试验；蓖麻国家公益性行业科研专项、国家航天育种工程、国家农业科研成果转化项目、内蒙古专利转化科技计划项目；农业部公益性行业项目北方地区饮料和啤酒大麦品种筛选及生产技术培训研究；国家、自治区的大豆、小麦试验等。

通辽农科院始终坚持"创新，变不可能为可能；拼搏，从优秀走向卓越"的科研精神，坚韧执着，严谨求实，攻坚克强，精益求精，以玉米、蓖麻、高粱、荞麦、绿豆等优势特色作物的种植研究及其科研成果为我市粮食功能区建设提供强大的技术支撑，有力地推进了全市绿色农畜产品基地建设进程，努力实现"科技支撑，引领未来"的光荣使命。

现代农业科技园区部分图片如下。

通辽市农业科学研究院

通辽市现代农业科技园

玉米博物馆 2 图

院士工作站试验田

玉米宽窄行覆膜增密种植

玉米试验区大型平移喷灌 2 图

彩色蓖麻

蓖麻大小垄种植

极早熟矮高粱

高粱新品种示范田

库伦基地沙地衬膜水稻试验田 2 图

沙地种稻课题组与后旗朝吐鲁镇
白音高勒嘎查村民共建沙地覆膜稻田

荞麦大面积生产
示范田

糜子试验区 谷子试验区

向日葵试验区 通菊1号生产示范田

大豆试验区 工厂化育苗

采摘园2图

玉米品种测试

（二）农业科研成果

1. 审（认）定品种

通平 1：2012 年通过内蒙古审定，亩产可达 850～900 kg，生育期 127.1 d，株高 285 cm，属中熟玉米杂交种。

通平 118：2013 年通过内蒙古审定，亩产可达 850～900 kg，生育期 132.6 d，株高 303 cm，属晚熟玉米杂交种。

通平 198：2015 年通过内蒙古审定，亩产可达 850～900 kg，生育期 129 d，株高 295 cm，属晚熟玉米杂交种。

通蓖 7 号：2011 年通过内蒙古认定，亩产 230～270 kg，生育期 93 d，属中熟种，株高 223.9 cm。

通蓖 8 号：2013 年通过内蒙古认定，亩产 220～260 kg，生育期 95 d，属中晚熟种，株高 223.8 cm，属高抗病类型品种。

通蓖 9 号：2011 年通过内蒙古认定，亩产 230～280 kg 左右，生育期 97 d，属中晚熟种，株高 216.3 cm。属综合抗性强、高含油量类型品种。

通蓖 10 号：2013 年通过内蒙古认定，亩产 230～270 kg，生育期 94 d，属中熟种，株高 235.1 cm。属抗性较强类型品种。

通蓖 11 号：2014 年通过内蒙古认定，亩产 250～300 kg，生育期 97 d，属中晚熟种，株高 119.4 cm，抗病、抗倒伏性较强。

通蓖 13 号：2014 年通过内蒙古认定，亩产 250～300 kg，生育期 94 d，属中熟种，株高 126.3 cm。抗病、抗倒伏性较强。

通杂 108：2008 年通过国家鉴定；2010 年通过内蒙古审定。亩产 750 kg，生育期 124 d，株高 1.58m，属中熟品种。

通杂 120：食用型高粱，2011 年通过内蒙古审定，亩产量 750 kg，生育期 128 d，株高 180 cm，属中晚熟高粱杂交种。

通甜 1：2012 年通过内蒙古审定，生物产量 5 000 kg/亩，籽粒产量 400 kg/亩，生育期为 130 d，株高 3.75m。

通杂 130：2012 年通过内蒙古审定，亩产 700 kg，生育期 120 d，株高 1.46m，属中熟品种。

通早 2：2015 年通过内蒙古审定，亩产 500 kg，生育期 97 d，株高 86 cm，属极早熟品种。

通杂 126：2013 年通过国家鉴定，2015 年通过内蒙古审定。亩产 650 kg，生育期 113 d 左右，株高 143.0 cm，属早熟品种。

通杂 136：2015 年通过内蒙古审定，亩产 700 kg，生育期 116 d，株高 1.55 m，属早熟品种。

通荞 1 号：2013 年通过内蒙古认定，2015 年通过国家鉴定。在第十轮国家甜荞品种区域试验中平均亩产 106.58 kg，比对照平均增产 7.49%，产量居全国第一位，生育期 82 d 左右，平均株高 124 cm 左右。

通荞 2 号：2014 年通过内蒙古认定，一般亩产 140～150 kg，生育期 82 d 左右，平均株高 128 cm 左右，千粒重 29.2g。

通苦荞 1 号：2014 年通过内蒙古认定，一般亩产 150～180 kg，生育期 85 d 左右，平均株高 128 cm 左右，千粒重 17.7g 左右。

通菊一号：2010 年通过内蒙古认定，是提取天然叶黄素的专用品种，叶黄素含量 25.4‰，一般亩产 4 000 kg，最高亩产 5 000 kg 以上。平均株高 120 cm，花期比常规品种延长 15 d 以上。

通谷 1 号：2015 年通过内蒙古审定，亩产可达 350～400 kg，生育期 116 d，株高 116 cm，属中熟谷子常规种。

通椒 1 号：2013 年选育成功，亩产可达 1 800～2 100 kg，生育期 185 d，株型紧凑，株高 56.0 cm，开展度 57.7 cm，果实纵径 13.6 cm，果实横径 2.6 cm，果肉厚 0.26 cm，单果重 16.9 g，属于中早熟干鲜两用品种。

通椒 2 号：2014 年选育成功，亩产可达 2 000～2 200 kg，生育期 184 d，株型紧凑，株高 80.0 cm，开展度 90.0 cm，果实纵径 13.6 cm，果实横径 2.5 cm，果肉厚 0.26 cm，单果重 15.6 g，属于中早熟干鲜两用品种。

2. 获奖成果

《高粱通杂 108 及机械化高效栽培技术推广》获 2014 年度内蒙古农牧业"丰收奖"二等奖。本项目是国家高粱产业技术体系建设项目（ARS－06－04－05）"十一五"、"十二五"重点任务，加速了优良品种的推广应用，提高了高粱全程机械化高效种植，推动高粱集约化生产。

《沙地衬膜农业综合技术研究及产业化示范》属通辽市科技计划项目（项目编号：NS08）。2011 年 4 月，通过通辽市科技局组织的专家鉴定委员会鉴定，并登记为科学技术成果（登记号：TKJ2011Y0015）。鉴定意见认为：沙地衬膜农业综合技术将经济性与生态性有效结合，在机械化改沙造田、沙地机械化插秧技术等方面有所创新，填补了国内研究的空白。该技术节水、节肥、简便、适用、可操作性强，建议作为实施沙地农业可持续发展的一项主推技术大力推广。

《通蓖系列蓖麻品种及高效种植技术》获 2013 年通辽市适用技术推广应用奖，本项目是国家公益性行业（农业）科研专项中的重点任务之一，通过通蓖系列蓖麻品种及高效种植技术的推广，提高了我国蓖麻产业的科技含量，促进了蓖麻产业的发展，经济、社会效益都很显著。

《一种简易蓖麻单穗脱粒机》2014年获国家实用新型专利。本实用新型所提供的蓖麻单穗脱粒机采用纵向垂直设置，利用重力原理避免了脱粒中蓖麻籽粒的残留，采用微调螺丝阀来减少蓖麻种皮破裂，利用风机的设置使壳粒快速分离。使用简单，更加便于操作。

《优质高产抗逆蓖麻杂交种选育技术及应用》属自治区科技计划专利转化项目，于2015年通过自治区科技厅组织专家鉴定，并登记为自治区科学技术成果。该项目研究取得的成果具有创新性，对我国蓖麻产业的发展具有极大的促进作用，在蓖麻杂优利用研究方面达到了国际领先水平。

《玉米冠层耕层优化高产技术体系研究与应用》项目获得2015年度国家科学技术进步二等奖，通辽市农业科学研究院玉米研究所与中国农业科学院作物科学研究所合作，其中我院玉米研究所为主要完成单位。

3. 荣誉称号

《玉米选育及新品种鉴选研究创新人才团队》2013年4月由内蒙古自治区科技厅、组织部、科协批复，被评为"草原英才"工程产业创新人才团队，并获得了50万元科研经费的资助。

《蓖麻杂优利用研究创新人才团队》于2013年被内蒙古自治区组织部评为"草原英才"工程产业创新人才团队。

朱国立于2012年1月获通辽市首届"科尔沁英才"称号，于2015年被内蒙古自治区组织部评为第五届"草原英才"称号。

《适于机械化作业高粱品种选育与配套技术研究》团队被内蒙古自治区组织部评为第五届"草原英才"工程产业创新人才团队。

4. 农业标准

内蒙古农业地方标准《DB15/T951－2016 地理标志产品 库伦荞麦》。